LA

PLANIMÉTRIE PRATIQUE

RÉDUITE A SA PLUS SIMPLE EXPRESSION

OU

L'ARPENTAGE ET LE LEVER DES PLANS

SANS INSTRUMENTS

AVEC

DES PROCÉDÉS NOUVEAUX DE PLANIMÉTRIE ET DE STÉRÉOMÉTRIE

PAR M. DESDOUITS

PARIS

GOFFRE ET Cie, LIBRAIRES

RUE VIEUX-COLOMBIER, 29

LA

GÉOMÉTRIE PRATIQUE

RÉDUITE A SA PLUS SIMPLE EXPRESSION.

PROPRIÉTÉ

PARIS. — IMP. SIMON RAÇON ET COMP., RUE D'ERFURTH, 1.

LA
GÉOMÉTRIE PRATIQUE

RÉDUITE A SA PLUS SIMPLE EXPRESSION

OU

L'ARPENTAGE ET LE LEVER DES PLANS

SANS INSTRUMENTS

AVEC QUELQUES PROCÉDÉS NOUVEAUX DE PLANIMÉTRIE
ET DE STÉRÉOMÉTRIE

PAR M. DESDOUITS

J. L. & C.

PARIS
JACQUES LECOFFRE ET Cᵉ, LIBRAIRES-ÉDITEURS
RUE DU VIEUX-COLOMBIER, 29

1857

AVERTISSEMENT.

Il existe beaucoup de traités de géométrie pratique : il n'en est aucun qui ait été composé dans le but spécial que nous nous proposons ici.

Tous les traités d'arpentage supposent et décrivent divers instruments dont l'emploi est indispensable, si l'on envisage la pratique de la géométrie dans toute sa généralité.

Mais il se présente une foule de cas où cette pratique doit et peut se faire dans des conditions restreintes, qui, ainsi qu'on le verra, rendent inutiles la possession et l'emploi de ces instruments.

Dans ces cas si nombreux, qui comprennent la grande majorité des applications de la géométrie sur le terrain, on peut se passer du graphomètre, de la planchette, de la boussole, même de l'équerre d'arpenteur, et très-souvent même aussi de la chaîne.

Pour exécuter ces nombreuses opérations, je ne demande que ce que tout le monde a chez soi : sur le terrain, un couteau et quelques bouts de ficelle; dans le cabinet, une règle, un compas, un double décimètre; pas de rapporteur, pas d'équerre même, si l'on veut. J'ajouterai seulement un petit niveau à bulle d'air, qui est presque un meuble de ménage, et l'on verra que, à la rigueur, on pourrait encore s'en passer.

Avec un bagage aussi simple, on pourra exécuter un très-grand nombre d'opérations usuelles d'une certaine étendue, avec une exactitude plus grande qu'on ne l'imagine généralement. Je dis un très-grand nombre, et non pas toutes; et qu'on me permette à ce sujet la comparaison que voici :

Pour tous les cas où l'homme doit changer de place et se transporter d'un point de la terre à un autre, ses pieds ne suffisent pas : il lui faut, pour les grands parcours, des véhicules de diverses sortes que ses jambes ne sauraient remplacer. Mais, si l'on compare les cas où chacun de nous doit recourir à ces « instruments » et ceux où l'usage de nos pieds nous suffit, on reconnaîtra sans peine que ceux-ci sont de beaucoup les plus nombreux, et que, à tout prendre, l'emploi de nos jambes est pour nous d'une importance plus grande que celle des navires ou des voitures.

Il en est de même dans les applications de la géométrie. Il y a de nombreuses et importantes opérations pour lesquelles l'emploi des instruments est indispensable; celles-là sont du ressort des ingénieurs, des géomètres, des arpenteurs proprement dits. Mais il en est un bien plus grand nombre qui, dans un champ plus modeste, quoique encore assez large, n'exigent pas ce secours, et ne demandent que l'emploi intelligent des pieds et des mains. Celles-là sont à peu près du ressort de tout le monde, et occupent encore une place assez haute sur l'échelle des utilités. C'est de celles-là exclusivement que je veux occuper mes lecteurs.

Ils seront à même de mesurer et de représenter par le levé du plan toutes sortes de bâtiments, jardins, parcs, et, en plaine, des étendues de plusieurs hectares, sans aucun des instruments de la profession. On peut dire d'une manière générale que nos procédés sont applicables à tous les cas d'étendue et de difficultés *moyennes*. Sans doute, même dans ces cas, l'emploi des instruments pourrait être avantageux et rendrait les opérations plus expéditives, de même que la marche à pied serait toujours, à ce point de vue, avantageusement remplacée par l'usage d'une voiture. Mais souvent cet emploi est impossible; et, en tout cas, il est bon de pouvoir et de savoir s'en passer. Ainsi en est-il de nos procédés à l'égard des instruments d'arpentage.

Destiné à mettre la géométrie pratique à la portée de tout le monde, cet opuscule a toutefois particulièrement en vue trois classes de personnes, savoir : les instituteurs, les curés de campagne et les petits propriétaires ruraux. Il sera facile à tous de s'initier à nos méthodes, facile de les mettre en application sur le terrain. Beaucoup d'entre eux y retrouveront ce qu'ils savent déjà; mais tous y apprendront des recettes tout à fait neuves pour eux, qui les surprendront et les charmeront quelquefois par leur originale simplicité.

Mais ils n'oublieront pas que, si nous les dispensons de l'emploi des instruments matériels, nous ne saurions en faire autant pour les principes; pour appliquer la géométrie, il faut en savoir et en comprendre les formules, au moins dans leurs énoncés. Aussi, pour justifier nos méthodes, renverrons-nous souvent nos lecteurs aux livres, et particulièrement à notre *Traité de Géométrie théorique et pratique*[1]. Pour celui-là aussi, nous pouvons exprimer la confiance d'avoir mis à la portée de tout le monde, à peu près, et la science elle-même et ses applications si intéressantes et si variées.

[1] Troisième édition; chez Lecoffre, rue du Vieux-Colombier, 29; Paris.

GÉOMÉTRIE PRATIQUE

RÉDUITE A SA PLUS SIMPLE EXPRESSION.

PRÉLIMINAIRES.

1. Nous commencerons par rappeler quelques-unes des principales définitions de la géométrie.

La ligne *droite* est le plus court chemin d'un point à un autre. — De cette définition même ressortent, comme on le verra plus loin, les moyens de vérifier la rectitude des lignes supposées droites.

Une ligne *courbe* est une ligne composée d'une infinité de lignes droites infiniment petites, dans autant de directions différentes.

Une *surface* est une étendue qui se compose de deux dimensions indéfinies, longueur et largeur. — Si elle est limitée par un périmètre ou contour, elle prend le nom d'*aire*.

Une surface plane ou *plan* est celle à laquelle une ligne droite peut s'appliquer, et sur laquelle cette ligne peut tourner dans tous les sens, en coïncidant parfaitement avec cette surface. — Cette définition nous fournira un moyen de vérifier si une surface est plane. — Si cette condition n'est pas remplie, la surface est *courbe*.

Un *solide* ou *volume* est ce qui réunit les trois dimensions de l'étendue, longueur, largeur, épaisseur.

2. Un angle est la surface plane indéfinie comprise entre deux droites qui se coupent en un point. Sa grandeur est proportionnée à l'*écartement* de ces lignes, et s'évalue par le nombre d'unités ou angles élémentaires égaux qui sont compris entre ses côtés.

Si une droite tombe sur une autre de manière à faire avec celle-ci deux angles *égaux*, c'est-à-dire tels que l'une des deux, tournant autour de la droite incidente comme charnière, vienne s'appliquer sur l'autre en le recouvrant exactement, ces 2 angles égaux sont dits *angles droits*, et la droite incidente qui les forme est dite *perpendiculaire* à l'autre. Si l'on plie en deux une feuille de papier découpée bien carrément, de manière à produire cette parfaite coïncidence des parties, le pli ou l'onglet de la feuille formera ainsi avec le bord 2 angles égaux, qui seront des angles droits, et la ligne de ce pli sera une perpendiculaire à ce bord. On verra quel rôle important joue cette simple feuille de papier dans notre géométrie pratique.

Cette définition donnée, on comprend qu'on puisse la transformer en celle-ci, qui est assez usitée : Une perpendiculaire est une droite qui tombe sur une autre, de manière à ne *pencher* ni à droite ni à gauche; elle forme donc alors 2 angles *égaux*, qui sont des angles *droits*.

De la définition ci-dessus il semble résulter qu'un angle droit n'existe jamais seul, puisqu'il n'est tel que par sa contiguïté et son égalité avec un angle voisin. Mais il est aisé de comprendre qu'étant donnés d'abord ces 2 angles, si on supprime l'un des deux, en laissant subsister l'autre, celui-ci n'en restera pas moins un angle droit. C'est ce qui arrivera si, dans la feuille pliée en deux dont nous parlions plus haut, on coupe et l'on supprime l'une des 2 demi-feuilles ; celle qui restera n'en présentera pas moins un angle droit, et la ligne de pli suivant laquelle la coupure a été faite sera toujours une perpendiculaire sur le bord de la feuille restante.

3. On comprend donc l'existence isolée d'un angle droit ; les 2 côtés d'un pareil angle sont réciproquement perpendiculaires l'un sur l'autre.

L'angle droit est un espace invariable parfaitement déterminé. On conçoit une foule d'angles plus petits, qu'on appelle des angles *aigus*, une foule d'angles plus grands, qui sont des angles *obtus*. L'angle droit est unique et va nous servir de base pour la mesure générale des angles.

On conçoit en effet que l'angle droit soit composé d'un certain nombre de parties égales ; supposons-le divisé en 90 parties, nombre admis par une convention universelle, chacun de ces 90 petits angles égaux s'appelle un *degré*. Le degré se divise en 60 parties égales ou *minutes* ; la minute en 60 *secondes*. Un angle droit se compose donc de 90 degrés ; l'angle aigu contient moins de 90 degrés, l'angle obtus plus de 90, mais moins de 180 ; car il est facile de reconnaître qu'un angle obtus, s'ouvrant autant que

1.

possible, finit par se confondre avec 2 angles droits,
limite à laquelle cessent les angles proprement dits.
Un angle de 37° — 18' — 13" est un angle tel qu'il contient 37 des 90 parties de l'angle, ou 37 degrés plus
18 soixantièmes de degré, ou 18 minutes, plus enfin
13 secondes ou 13 soixantièmes de minute. Dans
notre pratique nous n'évaluons pas au delà des
minutes, ce qui est très-suffisant; et dans les plus
grands tracés sur le papier, une différence angulaire
d'une minute n'est guère appréciable.

4. On appelle circonférence une ligne courbe dont
tous les points sont également éloignés d'un point
intérieur qu'on nomme centre. Tout le monde sait
ce qu'on entend par *rayon, diamètre, arc, corde.*

Supposons deux droites se coupant à angles droits :
elles divisent tout l'espace autour de leur intersection en 4 parties égales, qui sont précisément les
angles droits; mais il est facile de reconnaître que
si, à partir de ce point d'intersection, on mène dans
toutes sortes de directions tant de droites qu'on
voudra, tous les angles ainsi formés seront renfermés
dans les 4 angles primitifs; ainsi tout l'espace autour
d'un point dans un plan, de quelque manière qu'on
le divise, est équivalent à 4 angles droits.

Supposons maintenant que du point d'intersection
de nos deux droites rectangulaires pris comme centre, ou décrive une circonférence avec un rayon
quelconque, cette circonférence sera divisée par nos
2 lignes en 4 parties égales. Mais de plus, si l'on divise les 4 angles droits eux-mêmes chacun en leurs

90 degrés, la circonférence se trouvera divisée, dans chacun des angles droits, en 90 petits arcs égaux, ensemble 360. Ces petits arcs correspondant un par un, nombre par nombre égal, aux petites divisions angulaires, ont reçu également le nom de degrés, et leurs subdivisions ceux de minutes et secondes. On voit qu'autant un angle contiendra de divisions d'un degré, autant l'arc qu'il intercepte contiendra de petits arcs d'un degré aussi. Il résulte de cette correspondance que le nombre des degrés d'un angle est toujours représenté et connu par celui des degrés-arcs que comprend l'arc principal intercepté entre ses côtés. C'est en ce sens qu'on dit qu'un angle est mesuré par son arc, et réciproquement.

À la vérité, on peut du sommet de cet angle, comme centre, décrire non pas une seule circonférence, mais plusieurs, et même une infinité; insérer par conséquent entre les côtés de cet angle une foule d'arcs inégaux entre eux, et qui cependant seraient tous à la fois sa mesure. Mais on reconnaît aisément que ces arcs, bien que n'ayant pas la même longueur absolue, ont tous le même rapport avec leur circonférence complète, ou autrement en sont la même fraction. Ainsi, supposons que l'un d'eux décrit avec le premier rayon soit les $\frac{7}{200}$ de sa circonférence, celui qui serait décrit avec un rayon triple serait lui-même triple en longueur; mais, comme il appartiendrait à une circonférence de longueur triple, il en serait aussi les $\frac{7}{200}$. Finalement, mesuré par les uns ou par les autres, l'angle qui intercepterait tous ces arcs

serait les $\frac{7}{205}$ de 4 angles droits ou de 360°; ce qui
revient à 12° 17' 55".

5. On appelle lignes *parallèles* des droites qui,
situées d'ailleurs dans le même plan, ne peuvent se
rencontrer, à quelque distance qu'on les prolonge.
De là suit une propriété qui sert quelquefois de définition aux parallèles, dont on dit que ce sont des
lignes qui sont toujours à même distance. Un plan
est parallèle à un autre dans des conditions analogues.

6. Une droite est dite *verticale* quand elle est parallèle à la direction du fil à plomb.

Une droite est *horizontale* quand elle est située de
telle sorte que la verticale la coupe à angles droits.
On dit aussi qu'un plan est horizontal quand il est
parallèle à la surface des eaux tranquilles; la droite
horizontale est aussi définie de la même façon.

7. On appelle *figures* ou *aires* des espaces circon-
scrits par des lignes et on les dénomme généralement par le nombre de leurs angles et de leurs côtés.

Ainsi nous avons le *triangle*, le *quadrilatère*,
le *pentagone*, l'*hexagone*, le *décagone*, et ainsi des
autres. La plus simple, et la plus importante de
ces figures, le triangle, est dite *rectangle* quand l'un
de ses angles est droit; *équilatéral*, quand ses trois
côtés sont égaux; *isoscèle*, quand il a seulement deux
côtés égaux; *scalène*, quand les trois côtés sont inégaux. Le quadrilatère est un *carré*, quand ses quatre
côtés sont égaux et ses quatre angles droits; *losange*,
quand les quatre côtés sont égaux sans que les an-

gles soient droits; *trapèze*, quand deux des côtés sont parallèles; *parallélogramme*, quand il a les côtés opposés parallèles deux à deux, auquel cas ils sont aussi égaux [1]; enfin, simplement *rectangle*, quand le parallélogramme a aussi ses angles droits.

Les *polygones* ou figures à plusieurs angles, ce qui est pour toutes le terme générique, sont dits *réguliers*, quand ils ont tous leurs côtés égaux, et tous leurs angles aussi égaux entre eux.

Deux triangles, et en général deux polygones, sont des figures *semblables*, quand ils ont chacun à chacun les angles égaux, et les côtés correspondants ou *homologues* proportionnels. — Dans les triangles, une de ces deux conditions entraîne l'autre, et elles coexistent nécessairement [2].

8. Nous avons défini plus haut la circonférence et mentionné le rayon, le diamètre, l'arc et la corde. Ajoutons que l'aire intérieure s'appelle spécialement le *cercle;* que le *secteur* est une portion de cercle comprise entre un arc et deux rayons; le *segment* une portion comprise entre un arc et la corde ; la *sécante* une droite qui traverse le cercle, et la *tangente* une droite qui n'a qu'un point de commun avec la circonférence. C'est le prolongement à droite et à gauche d'une des lignes droites infiniment petites, ou *éléments* dont est composée celle-ci.

[1] Voir notre *Géométrie*, n° 68.
[2] *Géométrie*, n°ˢ 77 et 78.

FORMULES POUR LA MESURE DES SURFACES.

9. *Mesurer* une surface, c'est chercher combien de fois elle contient une surface connue prise pour unité. Notre unité superficielle fondamentale est le mètre carré, qui se divise en cent décimètres; chacun de ceux-ci en cent centimètres, et les centimètres en cent millimètres carrés [1].

Cela posé :

10. *L'aire d'un rectangle est le produit de sa base par sa hauteur*, ou de sa longueur par sa largeur [2].

EXEMPLE. Soient ces deux dimensions respectivement 28^m,113 et 42^m,308. — La surface sera le produit de ces deux nombres, ou 1,189 mètres, 40 décimètres, 48 centimètres, 4 millimètres carrés.

11. *L'aire d'un parallélogramme est le produit de sa base par sa hauteur*, c'est-à-dire de l'un de ses côtés par la perpendiculaire abaissée de l'un des points du côté parallèle et opposé [3].

EXEMPLE. Soient ces deux lignes respectivement 51^m,208 et 33^m,112; la surface sera 1,695 mètres, 59 décimètres, 92 centimètres, 93 millimètres carrés.

12. *L'aire d'un triangle est le demi-produit de sa ʼase par sa hauteur*, c'est-à-dire de l'un quelconque

[1] *Géométrie,* n° 106.
[2] *Id.,* n° 103.
[3] *Id.,* n° 108.

de ses côtés par la perpendiculaire abaissée du sommet opposé[1].

Exemple. Soit la base 63ᵐ,491, la hauteur 26ᵐ,206; le produit sera 1,665ᵐᵐ,845146, et sa moitié 831ᵐᵐ,922573. L'aire ou triangle sera donc 831 mètres, 92 décimètres, 25 centimètres, 73 millimètres carrés.

Cette formule est de toutes la plus importante, parce que toute figure peut être réduite en triangles; mais nous la remplacerons tout à l'heure par une autre plus importante encore.

13. *L'aire d'un trapèze est le demi-produit de la somme de ses bases, ou côtés parallèles, par sa hauteur*[2].

Exemples. Soient les bases respectivement 29ᵐ,151 et 36ᵐ,068; et la hauteur ou perpendiculaire commune aux deux bases 21ᵐ,222. La somme des bases, soit 65ᵐ,199, multipliée par 21ᵐ,222, donne pour produit 1,583,653178, dont la moitié représentera la surface du trapèze, soit 691 mètres, 82 décimètres, 65 centimètres, 89 millimètres carrés.

14. *L'aire d'un polygone régulier est le demi-produit de son périmètre par l'apothème*. On entend par ce dernier mot la perpendiculaire abaissée du centre du polygone sur l'un quelconque des côtés. Le centre du polygone est d'ailleurs celui d'une circonférence

---

[1] *Géométrie*, n° 108.
[2] *Id.*, n° 107.

circonscrite, c'est-à-dire qui passerait par tous les sommets du polygone [1].

Exemple. Soit un polygone de huit côtés, dont chacun serait de $5^m,315$; le périmètre sera $8 \times 5,315 = 42^m,520$. Soit l'apothème $6^m,410$; le produit sera $272,5532$, dont la moitié sera l'aire du polygone : soit 136 mètres 27 décimètres 66 centimètres carrés.

15. *La surface d'un cercle est le demi-produit de sa circonférence par son rayon*, ou plus simplement *s'obtient en multipliant le carré du rayon par le nombre constant* π, *qui a pour valeur* 3,1415926, *qu'on peut réduire dans tous les cas à* 3,1416.

Exemple. Soit le rayon d'un cercle $8^m,251$: le carré de ce nombre est $68^m,079001$; son produit par $3^m,1416$ est $213,8769895416$; ce qui donne pour l'aire du cercle 213 mètres, 87 décimètres, 69 centimètres carrés, en négligeant les décimales ultérieures.

2° Exemple. Soit le rayon $= 0^m,213$, le carré de ce nombre, multiplié par $3^m,1416$ donne $0^{mm},1425312504$, ou 14 décimètres, 25 centimètres, 31 millimètres carrés, avec la fraction que l'on néglige. Si l'on eût pris le millimètre pour unité, le produit eût été $142,531^{mlc},2504$, ce qui revient au même.

La surface d'un secteur est le demi-produit de son arc par le rayon, et celle du segment s'obtient en

[1] *Géométrie*, n° 110.

cherchant celle du secteur et retranchant celle du triangle qui a la corde pour base.

16. *La surface d'un polygone irrégulier quelconque s'obtient en le décomposant en triangles* par des diagonales, *mesurant chacun d'eux séparément, et ajoutant tous les produits.* Ainsi, d'une manière générale, toutes les mesures superficielles se ramènent à celle du triangle.

17. L'importance de celle-ci et la difficulté de mener ou de mesurer sur le terrain les perpendiculaires qui sont les hauteurs des triangles ont fait chercher un moyen de se passer de ces perpendiculaires. On a ainsi obtenu la formule suivante, dans laquelle T représente l'aire du triangle, et *s* la *demi-somme* des trois côtés.

$$T = \sqrt{s \cdot s - a \cdot s - b \cdot s - c}.$$

C'est-à-dire que, *pour obtenir l'aire d'un triangle, il faut faire la somme de ses trois côtés, et en prendre la moitié; de cette demi-somme retrancher successivement chacun des trois côtés; multiplier les trois restes entre eux, puis leur produit par la demi-somme; et enfin prendre la racine carrée du produit.*

EXEMPLE. Soient les trois côtés d'un triangle *a*, *b*, *c*, respectivement égaux à 8,25... 10,31... 7,12... la somme de ces trois nombres est 25,68; la demi-somme 12,84. De ce dernier nombre on retranche successivement les trois côtés, ce qui donne les trois restes, 4,59... 2,53... 5,72. Ces trois restes multipliés

entre eux donnent 66,4246\44, qu'on multiplie par
12,84. Le produit est 852,89242896, nombre dont la
racine carrée est 29,2043. La surface du triangle sera
donc 29 mètres, 20 décimètres, 43 centimètres carrés.

18. Si l'on voulait connaître, sans la mesurer, la
hauteur de ce triangle, en prenant pour base un côté
quelconque, il faudra doubler la surface, ce qui donnera le produit entier de la base par la hauteur, au
lieu du demi-produit ; puis, divisant par la base, on
aura la hauteur cherchée. Dans le cas actuel, en prenant pour base le côté 10^m,31, nous doublerons la
surface trouvée, ce qui nous donnera 58,4086, nombre qui, divisé par 10,31, fournit le quotient 5,665.
La hauteur sera donc 5 mètres 665 millimètres.

2e EXEMPLE. Soient les trois côtés 1,131...1, 311...
0,304. La somme des côtés est 2,746 ; la demi-
somme 1,373 ; les trois restes 0,242... 0,062... 1,069.
Le produit de ces trois restes multiplié par la demi-
somme est 0,022021925948 ; sa racine carrée 0,148398
donne pour la surface du triangle 14 décimètres,
83 centimètres, 98 millimètres carrés.

En prenant pour base le côté 0,304, doublant la
surface et divisant par ce dernier nombre, on trouve
que la hauteur correspondante à cette base est
0^m,9763, ou 976 millimètres et un tiers.

Remarque sur le degré d'exactitude de la mesure
des lignes et des surfaces.

19. Il est très-important de savoir à quel degré de

précision l'on arrive dans tout mesurage en général,
et dans les opérations géométriques en particulier.

D'abord, dans la mesure des longueurs, le degré
de précision atteint tout au plus le dix millième; jamais il ne peut le dépasser. Une longueur de 1 mètre environ ne peut être mesurée avec une précision
de plus de $\frac{1}{10}$ de millimètre, et généralement cette
précision ne sera pas atteinte. Une longueur de
10 mètres ne sera guère mesurée non plus à 1 millimètre près seulement; 100 mètres à 1 centimètre
près, et ainsi de suite. L'erreur possible sur un mètre
est multipliée par le nombre de mètres, et le rapport
reste le même. On ne mesurera donc jamais qu'à $\frac{1}{10000}$
près au plus; et il est certain que presque toujours
on n'atteindra pas même ce degré d'exactitude.

On reconnaîtrait un résultat analogue et la même
limite fractionnaire sur toute autre sorte de mesure,
sur la pesée, sur le temps; jamais on ne pourra
compter sur une exactitude de plus du dix-millième.

Une conséquence immédiate de ce principe est la
règle que voici. Pour les mesures de longueur en
particulier, on ne peut jamais considérer comme
exacts que les quatre premiers chiffres du résultat
obtenu; le cinquième est toujours au moins douteux, les autres sont illusoires; il n'y a donc que les
quatre premiers à conserver. A moins de beaucoup
de soin, on ne peut même, en général, compter sur
le quatrième à une unité près.

20. Si l'on passe à la mesure des surfaces et qu'on
applique la règle du $\frac{1}{10000}$ à chacun des 2 facteurs,

on arrive à la conclusion suivante. *Le degré de pré-cision dans la mesure d'une surface ne saurait dé-passer deux dix-millièmes du produit;* en fait, elle sera le plus souvent inférieure à cette limite.

C'est en effet un terme extrême qu'on n'atteindra guère qu'exceptionnellement. Pour se placer dans des conditions moyennes de soin et d'exactitude, il faut admettre qu'une longueur d'un mètre environ peut être évaluée assez facilement à un ou deux mil-limètres près; et, en généralisant, nous admettrons sur les longueurs, comme tolérance raisonnable, la fraction $\frac{2}{1000}$. On peut atteindre à mieux; on ne sau-rait exiger moins. — Dans cette condition de la me-sure des longueurs, un petit calcul fait reconnaître que l'erreur correspondante sur les surfaces serait 4 millièmes ou $\frac{1}{250}$. — Telles sont pour la mesure des longueurs et celle des surfaces, les deux limites que nous admettons, et qui sont généralement ad-mises. Appliquons ces principes à des exemples.

Soit un rectangle à qui l'on a trouvé pour base et pour hauteur les nombres respectifs $81^m,314$ et $63^m,827$. Nous supprimerons d'abord, dans chacun de ces deux nombres, le cinquième chiffre, qui est tout à fait douteux, et nous multiplierons $81^m,31$ par $63^m,82$. Le produit est $5,189^{mm},2042$. Les 2 dix millièmes de ce produit sont $1^{mm},0378$, limite très-rigoureuse de l'exactitude; les décimales sont donc en tout cas une superfétation, et on doit les sup-primer. Mais, si l'on applique la règle plus sûre des 4 millièmes, on trouve $20^{mm},7$, pour l'erreur possible en plus ou en moins. Les deux derniers chiffres sont donc douteux, et l'on peut seulement affirmer que le produit réel se trouve compris entre les nombres 5,168 et 5,210. Toutefois, on doit conserver le nombre 5,189, comme la moyenne, mais sous réserve de l'erreur possible.

21. Si, par négligence ou par suite de difficultés quelconques, on commettait sur la mesure des longueurs des erreurs plus considérables que 2 millièmes, et même en général des erreurs quelconques, mais limitées à des nombres connus, pour apprécier le degré d'exactitude de la surface évaluée d'après ces bases, il faut faire deux calculs en partant des limites, prises successivement en plus et en moins, et prendre la différence des résultats comme erreur possible sur la surface, mais erreur au maximum.

Soient, par exemple, dans un rectangle, $8^m,703$ et $13^m,218$, les valeurs des deux dimensions; mais on croit ne pouvoir répondre sur chacune de ces deux mesures de plus de 4 décimètres. On retrancherait d'abord 4 décimètres à chacun de ces deux facteurs, et l'on multiplierait les deux nombres résultants 8,303 et 12,818, ou plutôt 8,3 par 12,8, puisque, dans le cas où nous nous plaçons, les décimales au delà des décimètres ne sauraient compter. Le produit est $106^{mm},24$; valeur minimum de la surface en question. Augmentant maintenant les facteurs de 4 décimètres, ce qui nous donne les nombres respectifs 13,6 et 9,1, nous trouvons pour produit $123^m,76$, nombre qui diffère du précédent de 17^{mm},52, ou $\frac{1}{5}$ environ de la moyenne des deux produits.

22. Tel est même en général, et pour plus de sûreté, le procédé à employer dans tous les cas, et voici la forme habituelle de l'application.

Supposons qu'on ait mesuré la base d'un rectangle et trouvé d'abord 82^m,36; il faudra, comme toujours, vérifier cette valeur par un second mesurage. Je suppose que celui-ci donne 82^m,28; on prendra la moyenne, soit 82^m,32, nombre qui sera supposé la base véritable. Qu'en mesurant la hauteur également deux fois, on trouve 71^m,19 et 71^m,29, dont la moyenne est 71^m,24; ce dernier nombre sera réputé la hauteur vraie; et, en multipliant ces deux facteurs moyens, on obtient pour produit, ou surface du rectangle, 5864^{mm},4768. Telle est la valeur superficielle réputée vraie et à laquelle on se tient, en supprimant toutefois les décimales, qui ne représentent pas, à beaucoup près, les $\frac{4}{1000}$ du produit, cette dernière fraction équivalant à 25 mètres environ.

Mais, si l'on veut savoir au juste le degré d'exactitude sur lequel on peut compter dans ce produit, on fera le calcul en prenant les deux valeurs *minima* des dimensions du rectangle, savoir 82,28 et 71,19. Leur produit est 5857^{mm}..., valeur limite certainement inférieure à la réalité, et qui diffère de la moyenne de 7 mètres carrés environ. Si l'on prend ensuite les deux valeurs maxima, 82,36 et 71,29, on obtient pour leur produit 5871^{mm}..., va-

leur limite en plus, supérieure à la réalité, et qui
diffère encore de la moyenne d'environ 7 mètres.
Donc, en conservant la moyenne, on est assuré d'a-
voir une valeur exacte, à moins de 7 mètres carrés
d'erreur en plus ou en moins, ce qui revient à $\frac{1}{838}$
de la moyenne. Cette fraction n'est même pas tout
à fait le tiers des 4 millièmes de rigueur, et il n'est
pas douteux que l'erreur ne soit en réalité beaucoup
moindre.

CHAPITRE PREMIER

DES LIGNES ET DES ANGLES.

§ 1er. — DES LIGNES.

Problèmes divers d'application sur les lignes droites.

23. *Tracer une ligne droite sur le papier.*

Sur les deux points, ou plutôt très-près des deux points qui déterminent la ligne droite, on applique une règle large et mince, préalablement vérifiée, et on promène le long de cette règle le crayon, le tire-ligne ou la plume.

Je dis d'abord que la règle doit être large et mince, à l'exclusion de ces bâtonnets carrés qui sont commodes pour les réglures, mais qui, étant tous à peu près inévitablement courbés, ne peuvent servir à tracer une véritable ligne droite. Les règles larges et plates ne sont pas sujettes à cette torsion : elles peuvent se gauchir dans le sens de leur épaisseur ; mais, quand le doigt les appuie sur le papier, elles reprennent leur forme normale. Évidemment elles ne peuvent se courber dans le plan de leur largeur; leurs arêtes se maintiennent donc rectilignes dans ce plan, et peuvent diriger sûrement le crayon si la règle a été fabriquée avec exactitude; or il est rare qu'il en soit autrement.

24. Toutefois il est toujours prudent de s'en assurer par une vérification préalable : c'est ce qu'on exécute par la méthode du retournement. Pour cela, après avoir appliqué la règle sur les deux points a, b, et mené au crayon la ligne abc qui suit son arête, on la retourne bout pour bout, et l'on applique encore la même arête sur les deux points a, b. On trace ainsi une

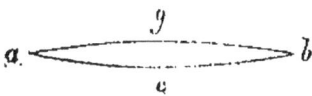
Fig. 1.

deuxième ligne adb, qui devra se confondre avec la première si l'arête de la règle est parfaitement rectiligne. Pour peu qu'elle soit courbe, les deux lignes tracées entre a et b comprendront un intervalle comme celui que montre la figure, et dont la largeur sera proportionnée à la courbure de la règle.

On peut encore vérifier la règle, en tendant un fil entre ses extrémités; ce fil que sa tension rend une ligne droite, puisqu'il est alors le plus court chemin entre deux points, devra se confondre avec l'arête de la règle si celle-ci est rectiligne. L'écart du fil et de l'arête décèlera au contraire la courbure de celle-ci.

25. Enfin, on forme une ligne parfaitement droite, au moyen d'une feuille de papier un peu fort que l'on plie en deux en appliquant modérément l'ongle sur le pli. Celui-ci est une ligne droite qui, non-seulement peut servir à vérifier la règle de bois, mais qui lui-même peut servir de règle au moins pour le crayon. C'est un moyen simple et précieux d'improviser une règle à bon compte, et l'on reconnaîtra l'exactitude de ce procédé par les bons résultats de la pratique. Toutefois il est bon de vérifier aussi la règle de papier par la méthode du retournement.

26. *Tracer une droite sur le terrain.*

Cette opération se fait au moyen de cordeaux ou de jalons.

On se sert d'un cordeau quand la ligne à tracer n'est pas longue; l'emploi qu'en fait le jardinier est connu de tout le monde. Un cordeau tendu représente une ligne droite, parce que sa tension en fait la plus courte distance d'un point à un autre.

Quand la ligne à tracer est trop longue, on en détermine et on en marque un certain nombre de points au moyen de *jalons*. Ce sont des baguettes qu'il faut prendre aussi droites que possible; l'un des bouts taillé en pointe est enfoncé en terre, l'autre est fendu et garni d'un morceau triangulaire de carte blanche, qui permet de le remarquer plus facilement au loin. Supposons un certain nombre de jalons ainsi plantés sur autant de points de la ligne qu'il s'agit de figurer, cet alignement suffira pour déterminer cette ligne, et diriger les travaux qui devront s'exécuter suivant sa longueur. Ceux-ci seront encore facilités au besoin, et dans certains cas, si, les jalons étant suffisamment rapprochés, on peut les réunir deux à deux par autant de bouts de ficelle. On réalise ainsi un cordeau d'une longueur indéfinie.

Mais la plantation de ces jalons est assujettie à certaines conditions et à certaines règles. On comprend d'abord que ces baguettes doivent être droites et plantées verticalement autant que possible : si elles ont, comme cela arrive trop souvent, une certaine courbure, on place le plan de cette courbure dans celui que détermine la série des jalons, de sorte qu'elle est dissimulée à l'œil, et que tous les jalons peuvent se projeter nettement les uns sur les autres.

27. Pour jalonner une ligne, on emploie ordinairement deux personnes; un principal opérateur qui dirige l'alignement, et un aide qui dispose les baguettes d'après les signaux que lui fait le premier. Mais on peut parfaitement se passer d'un aide, et une seule personne peut exécuter un jalonnage avec exactitude, et autant de célérité que si elle avait le concours d'un auxiliaire. Soient en effet a et b les deux points entre lesquels il s'agit de mener une ligne jalonnée. En arrière de l'un des deux, si le terrain s'y prête, on prendra un troisième point c, qui paraisse dans l'alignement de ab, et l'on y plantera un jalon.

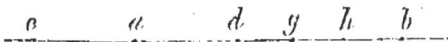

Fig. 2.

Puis on viendra entre a et b, et, s'alignant sur ac, on déterminera autant de points qu'on voudra, en prenant les positions d, g, h, qui projetteraient les uns sur les autres les jalons et le signal c. Une fois trouvé le premier point intermédiaire d, on s'alignera pour les autres sur dac; entre a et d, on pourra s'aligner sur db; et ainsi de suite. Ces divers points se trouvent immédiatement, et presque sans tâtonnement aucun : lorsque l'œil de l'opérateur (on se sert d'un œil seulement, l'autre étant fermé) a atteint une position pour laquelle ces jalons se projettent les uns sur les autres, il laisse tomber de cet œil une petite pierre qui marque sur le sol le point où l'on doit dresser le jalon.

Si l'on ne pouvait prendre en arrière du point a un point auxiliaire c, on le prendrait entre a et b par tâtonnement, en le plaçant d'estime sur cette ligne, et examinant en a s'il se projette bien sur b. Après un premier essai, dont on observe avec soin l'écart, on réussit à placer convenablement son jalon; et dès lors on continue l'opération comme on l'a exposé ci-dessus.

Si le terrain est accidenté, l'opération ne sera pas plus difficile, mais seulement plus longue. Il faudra multiplier les jalons en les rapprochant, pour que, malgré les pentes, les jalons qui font escalier ne se montrent pas en entier sur la tête les uns des autres. Il suffira qu'ils se recouvrent en partie dans le sens vertical pour que l'alignement puisse s'exécuter.

28. Mais il y a ici cette remarque importante à

faire. Sur le terrain comme sur le papier, un alignement est mal déterminé par deux points qui seraient
trop voisins. Le moindre écart du rayon visuel appuyé sur ces deux points se multiplie en proportion
de la distance qu'on parcourt, et la ligne ainsi déterminée peut offrir au loin une déviation très-considérable. En principe, les deux points déterminants
d'une ligne droite la fixeront avec une précision
d'autant plus grande qu'ils seront plus éloignés l'un
de l'autre.

29. *Mesurer une ligne sur du papier.*

Ceci n'est plus comme autrefois l'affaire du compas, entre les pointes duquel on saisissait la ligne
à mesurer pour la porter sur une échelle quelconque.
On a un moyen de mesurer beaucoup plus précis et
plus commode dans l'emploi du *double décimètre.*
Ce petit instrument divisé en millimètres est taillé
en biseau, de sorte que son tranchant s'applique
très-exactement sur la ligne à mesurer; le zéro étant
mis en correspondance avec l'une des extrémités de
la droite, l'autre extrémité tombe, ou sur l'une des
divisions millimétriques de l'instrument, la 156ᵉ par
exemple, ce qui donne immédiatement la mesure
cherchée, ou plus généralement entre deux divisions:
alors on a un nombre entier, plus une fraction de
millimètre, qu'on évalue à vue en dixièmes.

Or cette évaluation peut se faire d'une manière
très-précise; et l'on va voir que cette petite division

2.

d'un millimètre que couvrirait l'épaisseur d'une épingle ordinaire, peut être appréciée sûrement, à moins de $\frac{1}{10}$ près.

Je dis qu'avec un peu d'attention on ne peut pas faire une erreur de $\frac{1}{10}$. Supposons d'abord que le millimètre se trouve divisé en deux parties égales, ou que l'extrémité de la droite à mesurer aboutisse à son milieu. Pour qu'on fît erreur de $\frac{1}{10}$ de millimètre, il faudrait qu'on mît d'un côté $\frac{4}{10}$, de l'autre $\frac{6}{10}$. Or, quand on a sous les yeux précisément deux moitiés tout juste, on ne peut les croire inégales, à tel point qu'elles paraîtraient entre elles comme 6 : 4, ou que l'une serait égale à *une fois et demie* l'autre. Encore une fois, une pareille erreur ne saurait avoir lieu.

Supposons que l'extrémité de la droite pointe entre 4 et 6 dixièmes. Pour qu'on fît erreur de $\frac{1}{10}$, il faudrait qu'on lût 3 d'un côté et 7 de l'autre. Or, quand deux longueurs sont telles que l'une n'est égale qu'à une fois et demie l'autre, on ne peut la supposer plus que double, ou :: 7 : 3. On ne lira donc pas 3 et 7, et si on ne lit pas exactement 4 et 6, on prendra quelque rapport intermédiaire; l'erreur ne sera donc pas de $\frac{1}{10}$.

On peut suivre cette comparaison tout le long de l'échelle des dixièmes de millimètre, et l'on reconnaîtra aisément que toujours une erreur de $\frac{1}{10}$ donnerait une conséquence que repoussera toujours l'œil d'un observateur médiocrement attentif. En prenant les moyennes des deux lectures entre lesquelles on balancerait, on arrive à une exactitude de $\frac{1}{20}$ au moins, et nous lisons toujours à ce degré de précision. Il n'y faut d'ailleurs pas tenir, parce que cette fraction du millimètre est d'un ordre inférieur à l'exactitude voulue dans le tracé des lignes, dont on n'arrête jamais les bouts même à $\frac{1}{10}$ de millimètre près.

Quoi qu'il en soit, le double décimètre est un petit instrument précieux par la simplicité, l'exactitude et la facilité de son emploi; on en verra plus loin les divers et nombreux usages. En général, ces instruments sont très-bien divisés; ceux qui sont construits en ivoire ont les traits de division plus fins, ce qui donne une précision plus complète aux mesures; mais ceux de buis, qui ne coûtent qu'un prix minime, sont très-suffisants pour les usages ordinaires. Si l'on tient à les vérifier, on prend au compas l'intervalle d'un nombre quelconque de divisions, 13 millimètres par exemple, et on le porte successivement à la suite de lui-même; les pointes du compas doivent tomber constamment sur les traits de division correspondants aux multiples successifs de 13, soit 26, 39, 52, 65, 78, 91, 104... 195.

30. *Mesurer une ligne droite sur le terrain.*

Nous ne parlerons pas de l'emploi d'un mètre porté bout à bout, ou du compas d'arpenteur, dont les résultats sont généralement reconnus comme très-imparfaits. Nous indiquerons deux moyens principaux.

Le premier est l'emploi de la chaîne métrique ou chaîne d'arpenteur, que tout le monde connaît; elle est composée, comme on sait, de chaînons de gros fil de fer de 2 décimètres chacun, formant une longueur totale de 10 mètres. Les mètres sont séparés par des anneaux de cuivre; les fiches qu'on passe pour la tendre dans les anneaux-poignées qui sont compris dans sa longueur comptent le nombre des portées de la chaîne.

Cet instrument est souvent remplacé par un ruban peint et divisé, qui se roule au moyen d'une petite manivelle, dans une boîte cylindrique plate qu'on met facilement dans la poche; ces rouleaux sont aujourd'hui d'un usage général. Comparées aux chaînes métalliques, ces chaînes flexibles ont leurs inconvénients et leurs avantages. Il leur arrive souvent, quoi qu'on fasse, de ne pas offrir des divisions complètement exactes; leur longueur varie avec l'état de l'atmosphère, et plus encore avec le degré de tension que leur donne l'opérateur; enfin, si on les applique à un terrain boueux, elles se mouillent, se fripent, se gâtent, et les lignes de division s'effacent. Malgré ces défauts, leur légèreté, leur petit volume, la facilité de leur manœuvre, de plus la possibilité de les employer pour mesurer des contours curvilignes, convexes ou concaves, leur assurent une faveur et un emploi qui s'étendent de jour en jour.

31. Cette faveur sera justifiée, pourvu qu'on recoure aux précautions que nous allons indiquer, et qui s'appliquent également à l'usage de la chaîne métal-

lique; car celle-ci présente aussi des variations dans
sa longueur, à raison particulièrement des courbures
que prennent ses différents chaînons. Sur un mur
suffisamment long, et sur le sol à l'intérieur, si cela
est possible, on tracera au moyen d'un mètre, avec
beaucoup de soin, une longueur de 10 mètres dont
les extrémités seront très-nettement terminées; ce
sera un étalon invariable auquel on comparera la
chaîne toutes les fois qu'on sera obligé de s'en servir. Il y aura en général un petit excédant ou un
petit déficit, qu'on appréciera aisément avec le double
décimètre. On aura donc pour chaîne, au lieu d'une
longueur précise de 10 mètres, des longueurs de
$9^m,994$ par exemple, ou de $10^m,033$: défaut de simplicité qui est sans inconvénient dès que la mesure
est bien connue. Je suppose qu'on ait dans le premier cas 22 portées et $8^m,33$, ce qui donnerait pour
une chaîne de 10 mètres exactement $228^m,33$, on
aura dis-je : $9^m,994 \times 22$, plus $8^m,33$ réduits dans
le rapport de 10 à $9^m,994$. Le produit est d'abord
$219^m,868$, et la réduction de 6 dix millièmes sur
$8^m,33$ en fait $8^m,325$; ensemble $228^m,193$, ou mieux
$228^m,2$, en ne conservant que les 4 chiffres certains.

Cette vérification se fera pour le ruban à rouleau
comme pour la chaîne métallique, et à plus forte
raison. Chaque fois qu'on devra l'employer en grand
sur le terrain, on le comparera soigneusement à
l'étalon fixe, et, entre autres précautions, on aura soin
de donner au ruban une tension déterminée susceptible d'être reproduite, la plus forte tension, par

exemple; j'entends par là celle qu'on peut produire sans recourir à un véritable effort. Et, au retour de l'opération sur le terrain, on ferait de nouveau la vérification pour reconnaître si la chaîne a conservé sa longueur pendant toute la durée.

32. Mais on n'oubliera pas que la vérification fondamentale des opérations de mesure consiste dans la duplication. Après avoir mesuré une longueur sur le terrain, il faut la mesurer de nouveau en retournant sur ses pas; et si les deux résultats ne diffèrent que fort peu, on prendra la moyenne, c'est-à-dire la demi-somme pour la mesure vraie, et l'on connaîtra de combien, *au plus*, elle diffère en plus ou en moins des valeurs extrêmes qui sont des limites dépassant la réalité. Soient les longueurs trouvées $315^m,28$ et $316^m,52$; la moyenne est $315^m,40$ qui diffère de 40 centimètres de chacune des deux valeurs extrêmes. D'après la convention logique universellement adoptée, la valeur vraie doit être supposée comprise entre ces deux extrêmes; donc la moyenne différera de la valeur vraie de *moins* de 40 centimètres. Tel est le type général de ces évaluations.

Si la différence entre les deux mesures est considérable, c'est-à-dire supérieure au degré d'exactitude que l'on veut obtenir, il faudra recommencer une troisième mesure, et d'autres même au besoin, jusqu'à ce qu'on obtienne une différence suffisamment petite. Il n'y a pas moyen de se passer de ces vérifications par mesure double tout au moins. En principe, toute mesure non vérifiée est une mesure incertaine, pour ne pas dire inconnue; car dans ces opérations on peut arriver à des résultats numériques erronés, non-seulement par l'imperfection intrinsèque des méthodes, mais par des inadvertances et des lapsus de mémoire; et ces causes peuvent produire dans les chiffres des bouleversements complets. Il n'y a, je le répète, hors de cette indispensable épreuve, aucune garantie de l'exactitude des opérations, même par à peu près. Nous la recommandons, en conséquence, très-vivement à l'attention de nos lecteurs.

33. L'emploi de la chaîne et du rouleau est exclusivement adopté pour évaluer les longueurs sur le terrain. Mais il est un autre procédé de mesure dont les avantages sont ou méconnus ou mal appréciés, et auquel, à raison de sa grande simplicité, nous attachons une haute importance. C'est la mesure par le *pied d'homme;* procédé aussi sûr qu'il est commode, lorsqu'on l'applique dans des conditions données, qui se rencontrent très-fréquemment, ou, pour mieux dire, dans la très-grande majorité des cas.

En effet, le plus grand nombre de ceux-ci présentent des mesures à prendre sur des lignes droites et des surfaces de niveau ou à peu près, telles que murs de bâtiments et de clôture, allées de jardins, routes, en plaine, bords de pièces de terre, etc. Dans de telles conditions, un mesurage qui consisterait à porter un mètre le long de la ligne à évaluer, ou plutôt deux mètres toujours parfaitement placés bout à bout, pourrait passer pour une opération très-exacte. Or le mesurage dont il s'agit rentre tout à fait dans les mêmes conditions. Le pied d'homme, ou plutôt les deux pieds portés le long de la ligne à mesurer, toujours bien appuyés l'un contre l'autre, donnent des résultats aussi exacts que le procédé en est simple et d'une exécution facile. Il suffit qu'on ait la mesure très-précise du pied ou plutôt de la chaussure qui sert à l'opération, et qu'on multiplie cette longueur par le nombre de pieds contenus dans la ligne à mesurer.

On comprendra aisément l'exactitude de ce procédé au moyen des observations suivantes.

Il est évidemment comparable à celui du mètre porté bout à bout, si ce n'est qu'on pourrait objecter qu'une chaussure n'a pas exactement la longueur d'une autre, qu'elle est susceptible d'altération dans sa longueur en plus et en moins, par l'effet de diverses causes; que, vu le grand nombre de ces petites unités, l'erreur sur chacune se trouve, par la multiplication, donner un total qui peut être considérablement erroné; un seul millimètre d'erreur sur la longueur vraie (et l'on peut croire que c'est peu) donnerait 5 mètres d'erreur sur un seul kilomètre, qui contient plus de 3,000 pieds ordinaires. Mais toutes les objections disparaissent par l'emploi de l'étalon décamétrique indiqué plus haut (n° 34). Au moment où on a besoin de procéder à un mesurage qui doit être exécuté par le pied d'homme, on prend la mesure très-précise de la chaussure qui servira à l'opération, en portant les pieds le long de ce d camètre. Le pied s'y trouvera ainsi contenu un certain nombre de fois, par exemple 33 fois, avec un reste moindre qu'un pied. On mesurera ce reste avec un double décimètre, en prenant pour point de départ la projection très-précise du bout de pied, ce qu'on fait au moyen d'une règle verticale, ou mieux de l'équerre de papier dont nous parlerons plus loin. Supposons qu'on trouve ainsi 163 millimètres; les 33 semelles auront donc une longueur de 10 mètres moins 163 millimètres, ou de $9^m,837$. Donc on aura la longueur de chacune en divisant ce nombre par 33, ce qui donne 0,2981. Si sur la mesure prise en grand on s'est trompé de 2 millimètres, l'erreur sur un pied sera donc $\frac{1}{33}$ de 2 millimètres, ou $\frac{1}{16}$ d'un seul; valeur moindre que $\frac{1}{10}$: la précision sur $0^m,2,981$ comprendra donc la quatrième décimale, d'où il résulte que sur 1 kilomètre qui contiendrait environ 3,400 de ces pas, l'erreur totale serait inférieure à 3,400 dixièmes de millimètre ou à 34 centimètres seulement. Le mesurage à la chaîne ne donne pas en général une précision aussi grande. Supposons que l'erreur dans la mesure sur l'étalon atteigne un demi-centimètre, ce qui supposerait un soin médiocre dans cette opération, l'erreur sur un kilomètre n'atteindrait pas encore 1 mètre; valeur bien moindre que notre limite de $\frac{2}{1000}$ (n° 20) On remarquera encore que l'influence que pourrait exercer sur la mesure au pied d'homme la juxtaposition exacte, ou, si l'on veut, la poussée des 2 pieds l'un contre l'autre, et qui pourrait avoir pour effet de

modifier insensiblement leur position par un petit
recul, cette influence, si elle existe, entre en compte
dans la longueur de la chaussure ainsi évaluée, puisqu'elle s'exerce le long de l'étalon décamétrique; et
l'on peut dire que le quotient, par exemple, que
nous avons obtenu plus haut, ou 0,2891, est la
longueur de la semelle, *plus ou moins* l'effet du déplacement continu et régulier qui pourrait avoir
lieu.

Il est donc aisé de reconnaître que ce procédé doit
être très-exact; et en fait, dans l'emploi très-fréquent
que nous en faisons depuis longtemps, et comparaison faite avec la chaîne, nous l'avons trouvé au moins
aussi sûr et aussi précis. Il dispense donc de l'usage
d'une mesure indépendante, du rouleau même, qui
a l'inconvénient d'exiger le concours de deux personnes. Et comme, ainsi qu'on le verra, toutes nos
opérations d'arpentage, même la mesure des angles,
se réduisent à de simples mesures de longueur, il en
résulte ce fait d'une simplicité charmante, qu'un
homme peut, sans aucun instrument et les mains
dans ses poches, s'en aller faire sur le terrain des
opérations topographiques d'une certaine étendue et
d'une certaine complication. Un crayon et une feuille
de papier blanc lui en rapporteront les résultats chez
lui, où la règle, le compas et le double décimètre se
chargeront d'en exécuter la représentation très-
exacte.

34. Enfin, il arrive quelquefois qu'on a besoin de
connaître, par à peu près seulement, la longueur

d'une ligne, d'une portion de route, par exemple :
cette ligne peut être mesurée au pas d'homme, unité
qui semble bien arbitraire et bien variable. Cela est
vrai en général; mais on lui donnera cependant une
certaine précision par le moyen suivant. On marchera le long de la ligne à mesurer d'un pas déterminé que chacun peut prendre à son choix, et, après
le vingtième pas, par exemple, on fera sur le sol une
marque quelconque, puis on continuera la marche
jusqu'au bout. Supposons qu'on ait ainsi trouvé 548
pas juste : on mesurera au pied l'intervalle marqué
des 20 premiers pas; et, admettons que l'on trouve
49 pieds 7 dixièmes (car on peut évaluer les fractions de pied à vue, à $\frac{1}{10}$ près), on multiplierait par
ce nombre la valeur du pied, 0,2981, par exemple,
ce qui donnera 14^m,816. Divisant par 20, on trouve
pour la valeur du pas 0,7408. On multipliera par
548, et l'on aura pour la longueur de la ligne mesurée 405^m,96. Si, sur l'évaluation de la fraction de
pied excédante, on s'était trompé de 2 dixièmes ou $\frac{1}{5}$
(erreur bien considérable!), la différence sur la longueur totale n'irait pas à 1 mètre, précision bien
grande pour une mesure dont on n'a besoin que par
à peu près. Enfin, outre les 548 pas, il y aura en
général une fraction excédante; mais celle-ci pourra
être évaluée par le pied très-exactement. Nous devons dire que nous avons vérifié sur une échelle
assez grande le degré d'exactitude de ce procédé, et
que nous en avons toujours été satisfait.

35. *Diviser une droite en parties égales sur le papier.*

Les livres indiquent pour cela plusieurs méthodes géométriques [1] ; mais on les remplacera toujours avantageusement dans la pratique par l'emploi exclusif du double décimètre.

Supposons, par exemple, qu'il s'agisse de diviser en sept parties égales ; on mesurera la droite à diviser, à laquelle on trouvera, je suppose, une longueur 156,3. En divisant ce nombre par 7, on trouvera 22,33 : chaque partie aura donc 22 millimètres et un tiers. En doublant et divisant par 7, on trouvera 44,66 ; en triplant et divisant... 66,98... quadruplant, quintuplant, sextuplant... 89,31... 111,65... 133,97. Telles sont, en millimètres, les longueurs qu'il faudra prendre sur la ligne à diviser, à partir de l'une de ses extrémités, à laquelle on appliquera le zéro du double décimètre. Nous n'avons pas besoin de dire qu'on ne conservera que le premier chiffre décimal qui exprime des dixièmes de millimètres. On pointera finement sur la ligne à diviser aux extrémités des longueurs fractionnaires sus-indiquées, et il en résultera des divisions plus parfaites que celles qui sont exécutées au compas selon les méthodes géométriques ordinaires. Nos lecteurs remarqueront sans doute qu'après avoir pris $\frac{1}{7}$ de la ligne à mesurer nous ne le faisons pas reporter en le doublant, le triplant.... Ces multiplications par 2,3... augmenteraient l'erreur possible du dixième, et fini-

[1] Voir *Géométrie*, n° 10 *bis*. Appl., page 123.

raient par occasionner une erreur totale assez sensible. Le procédé que nous indiquons est exempt de cet inconvénient et de tout autre. De tous ceux qu'on peut employer, il est à la fois le plus simple, le plus commode et le plus exact.

36. *Diviser une ligne droite sur le terrain.*

Le procédé de division sur le terrain est imité du précédent. On mesure la ligne totale, que nous supposerons de 556^m,3; et soit cette longueur à diviser en 13 parties égales. On en prendra par le calcul $\frac{1}{13}$, $\frac{2}{13}$, $\frac{3}{13}$... $\frac{12}{13}$. Ces nombres sont respectivement 42,79... 85,58... 128,38... 513,51; et l'on porterait ces longueurs sur la ligne à mesurer, à partir de l'une de ses extrémités. Mais, pour abréger, on porterait successivement, après une division, la différence entre les deux nombres consécutifs. Ainsi, après avoir arrêté la première, 42,79, on porterait à la suite de celle-là la différence de 85,58 à 42,79, soit 42,79; après la seconde, la différence entre celle-ci et la troisième, 42,80..., et ainsi du reste. Cette différence sera toujours très-peu différente de 42,79; mais elle ne se confondra pas absolument avec cette première valeur, à cause de l'influence des multiplications. Au reste, on pourrait aussi se contenter de multiplier par 2, 3, 4... 12 la première valeur trouvée, pourvu qu'on eût calculé celle-ci avec trois ou quatre décimales. Après chaque multiplication, on n'en conserverait au produit que deux tout au plus.

37. *Déterminer sur le terrain l'intersection des lignes jalonnées.*

Il est continuellement question dans les opérations sur le terrain de l'intersection de deux droites, comme d'un point qui donne la solution de tel ou tel problème. Ces solutions seraient illusoires si l'on ne pouvait indiquer sur le sol la position de ce point d'une manière nette et précise, au lieu de s'en tenir à l'intersection, pour ainsi dire théorique, de deux lignes qui ne sont matérialisées que de loin en loin par quelques jalons. Or voici comment on peut déterminer ce point.

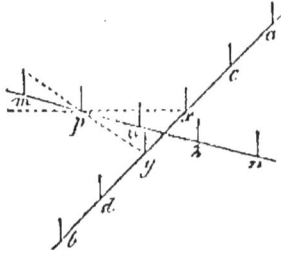

Fig. 3.

Soient les 2 droites *ab*, *mn*, dont l'intersection est située entre les 4 jalons *c*, *d*, *p*, *s*, assez éloignés entre eux. L'opérateur se placera *à peu près*, à l'intersection de ces 2 lignes, estimée à vue, et s'alignant sur *ca*, il prendra une position telle que le jalon *p* lui paraisse un *peu à gauche* de *m*; soit *x* sa position, il laissera de son œil tomber une petite pierre, et, au point touché, il plantera dans le sol un petit piquet. S'alignant ensuite sur les mêmes points, il se placera de manière à ce que le jalon *p* lui paraisse un *peu à droite* de *m*; soit *y* cette seconde position, il y plantera un second petit piquet. On aura ainsi deux points *x*, *y*, appartenant à la ligne *ab*, mais très-rapprochés l'un de l'autre, à 2 mètres au plus, et entre lesquels passe évidemment la ligne *mn*. On fera sur celle-ci une double opération analogue, et l'on aura 2 points *u*, *z*, appartenant à *mn*, très-rapprochés, et entre lesquels passera la ligne *ab*. Si l'on réunit par de simples bouts de ficelle les 2 piquets *x,y* et les 2 piquets *u,z*, leur intersection sera celle des 2 lignes jalonnées, qu'on pourra marquer d'une manière permanente et tout à fait exacte. Cette opération est très-simple, et se trouve en fait d'une exécution facile et rapide. Les moindres fragments de baguettes peuvent servir de piquets; et même à défaut de ces *instruments* bien simples, si les 4 points sont très-rapprochés, ce qu'on peut obtenir aisément, on peut saisir à vue, d'une manière précise, l'intersection des lignes très-courtes qui les réunissent, et sans se servir de ficelle.

§ II. DES ANGLES.

Problèmes divers d'application sur les angles.

38. *Mesurer un angle sur le papier.*

C'est une opération qu'on exécute ordinairement avec un *rapporteur* de corne ou de cuivre. Mais nous allons indiquer un procédé différent, non-seulement pour faire honneur à notre principe d'indépendance à l'égard des instruments, mais aussi et surtout

parce que ce procédé est plus exact que celui du
rapporteur. En outre, il est, comme on le verra, parfaitement applicable au terrain, pour lequel il offre
aussi la solution du problème.

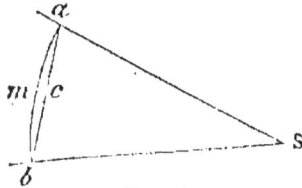
Fig. 4.

Soit *s* l'angle à mesurer,
et supposons que de son
sommet comme centre,
avec un rayon égal à 1, on
décrive l'arc *amb;* puis,
qu'on mène la corde *acb.*
Cette corde aura une
valeur déterminée par celle de l'angle ou de l'arc
qu'elle sous-tend. Si l'on avait une table donnant
de degré en degré, ou même de minute en minute,
la valeur de chaque corde pour le rayon = 1, il
suffirait, pour avoir la valeur de l'angle, de décrire
avec le rayon 1 un arc dans cet angle, de mesurer la
corde, et de chercher dans la table le nombre angulaire auquel elle correspond.

Si, au lieu de décrire cet arc avec le rayon 1, on
prenait un rayon quelconque, on aurait une corde
de longueur différente, mais on la ramènerait par
une proportion à la valeur qu'elle aurait avec le
rayon 1. Supposons qu'on prenne un rayon de
156 millimètres, et qu'on mesure une corde de
113 millimètres, on poserait la proportion 156 : 1
:: 113 : $x = 0,7244$. Or on trouve dans la table
des cordes que cette valeur correspond à un angle de
42° 28'.

39. Cette table des cordes existe, mais elle n'est

guère employée que sous sa forme restreinte, c'est-à-
dire en faisant varier les angles de 10′ en 10′ : c'est
un degré de précision qu'atteignent à peine les rapporteurs les plus parfaits. Telle est la table que nous
donnons à la fin de cet ouvrage. Mais on peut par
son moyen obtenir les angles même de minute en
minute, au moyen d'une proportion basée sur la
différence des cordes de deux angles différant de 10′.
Ainsi, dans l'exemple que nous venons de donner, la
valeur 0ᵐ,7244 tombait entre 0ᵐ,7222 et 0ᵐ,7249,
qui sont respectivement les cordes de 42° 20′ et 42°
30′. Leur différence est de 27 unités du dernier ordre,
ce qui donne pour une minute le dixième, ou 2ᵐ,7.
Or de 0ᵐ,7222 à 0ᵐ,7244 notre chiffre obtenu, il y
a 22 de différence : on fera donc la proportion 27 :
10 :: 22 : $x = 8,1$, ou bien l'on cherchera combien
22 contient de fois 2,7. Le quotient est également
8,1, c'est-à-dire qu'il faut à 42° 20′ ajouter 8′ (en négligeant la décimale), ce qui nous donne 42° 28′.

Au reste, le degré de précision qu'on peut obtenir
est en raison composée de la grandeur de l'échelle
et du degré d'exactitude de la lecture de la corde.
En prenant toujours le même exemple, soit 156 millimètres, la longueur prise pour rayon, et 113 millimètres celle de la corde menée, mais supposons
celle-ci lue à 2 dixièmes de millimètre près. En supposant donc que sa valeur exacte, au lieu de 113, fût
112ᵐ,8, et opérant comme ci-dessus, on arrive à
42° 23′, valeur qui diffère de la première de 5′
seulement. Or les plus grands et les meilleurs

3.

rapporteurs ne laissent pas distinguer un arc de 5.
Si la corde avait été lue à $\frac{1}{10}$ de millimètre près, la
différence ne serait que de $2'\frac{1}{2}$; et la précision serait
encore beaucoup plus grande. Mais, dans le cas qui
nous occupe, et avec les chiffres que nous nous
sommes donnés, il ne faudrait pas tenir à une précision plus grande que les 5'; car un arc de cette valeur correspond à un trait fin de tire-ligne. Les dimensions du papier et de la figure limitent donc
forcément l'exactitude cherchée; et on pourra dire
que celle-ci est complète, malgré l'erreur des 5',
puisque les plus fins traits de l'écriture ont précisément cette valeur.

Soit, pour second exemple, un rayon de 128 millimètres, et la corde mesurée à cette distance du sommet, 106,3. La proportion sera... 128 : 1 :: 106,3 :
$x = 0,8305$. Cette valeur tombe dans la table entre
0,8294 et 0,8320, qui correspondent respectivement
à 49° 0' et 49° 10'. De 8294 à 8320 il y a 26 de différence, et de 8294 à 8305 il y a 11. Nous avons donc
à ajouter les $\frac{11}{26}$ de 10', ou 4', 2... Notre angle est
donc 49° 4', en négligeant la décimale, qui est inférieure à 5.

Soit, pour troisième exemple, avec un rayon de
83 millimètres, une corde de 141,6. La proportion
donne, pour la valeur de la corde correspondante au
rayon, 1... 1,7060. Ce nombre dépasse les limites
de la table, qui s'arrête à l'angle de 90°, dont la
corde, qui est, comme on sait, la $\sqrt{2}$, vaut 1,4142:
telle est la valeur maximum des cordes dans cette

table. Cela prouve que l'angle proposé est obtus; mais il n'était pas nécessaire que la table dépassât 90°; car, outre qu'on peut, dans le cas d'un angle obtus, mesurer l'angle supplémentaire, qui est toujours aigu, nous avons une ressource bien simple, qui consiste à partager l'angle donné en deux parties, égales ou non, dont chacune sera moindre qu'un angle droit, et sera mesurée à part. On mènera donc une autre droite par le sommet et dans l'intérieur de cet angle, et l'on mesurera séparément chacune des deux parties. Soient les deux valeurs trouvées 71° 43′ et 85° 6′, l'angle donné, égal à leur somme, sera de 156° 49′.

40. On conçoit qu'il n'est pas nécessaire de décrire réellement l'arc dont on mesure la corde. Il suffit de prendre sur les deux côtés de l'angle, au moyen du double décimètre, deux longueurs égales, et de mesurer la distance de leurs extrémités, qui sera la corde cherchée. Ainsi le compas lui-même n'est aucunement nécessaire dans la mesure des angles; il n'y a en jeu que le double décimètre et le calcul.

41. *Mesurer un angle sur le terrain.*

Cette question semble impliquer essentiellement l'emploi de quelque instrument goniométrique, tel que le graphomètre ou la boussole. Or nous pouvons nous en passer, grâce à la table des cordes, dont on fait l'emploi sur le terrain comme sur le papier, en tenant compte de la remarque du numéro précédent.

Ainsi l'on prendra sur les deux côtés de l'angle à
mesurer deux longueurs égales, et l'on mesurera l'intervalle de leurs extrémités; soient les deux longueurs 42^m,86, et l'intervalle 37^m,53. La réduction
de cette corde à sa valeur pour le rayon 1 donne
0,8756 ; ce qui tombe dans la table entre la corde de
51° 50' et 52° 0'. Un calcul analogue aux précédents
amène à ajouter à 51° 50' les $\frac{16}{26}$ de 10' ou 6' environ.
L'angle cherché sera donc 51° 56' à moins d'une $\frac{1}{2}$ minute d'erreur, si les mesures ont été prises exactement. Sinon, comme on peut connaître le degré de
précision minimum de ces mesures initiales, on
pourra en conclure, comme au n° 39, le degré d'exactitude du chiffre angulaire obtenu. Sans doute ce
procédé ne comporte pas la précision du graphomètre ; mais il est très-suffisant et relativement très-
exact dans une foule de cas, et, en général, il l'est
au degré convenable pour le papier, si l'angle mesuré doit être seulement rapporté.

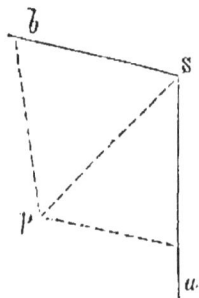

Soient, pour second exemple,
un rayon de 65^m,13 et une corde
mesurée de 99,33. En réduisant,
comme ci-dessus, cette corde au
rayon 1, on trouve 1,5251, nombre
qui dépasse la limite de la table ;
l'angle est donc obtus. Alors on le
partagera en deux autres, en plaçant dans son intérieur un point
p où l'on voudra, et en adoptant
la position qui rendra les mesures plus faciles. On

Fig. 5.

mesurera PS, qui aura, par exemple, 58ᵐ,12, et l'on portera cette même valeur en *sa*, *sb*, puis on mesurera les deux distances *pa*, *pb*. Soient ces deux longueurs, 45ᵐ,20 et 60ᵐ,44. En effectuant des calculs analogues aux précédents, on trouve que ces 2 lignes sont respectivement les cordes de 45° 46′ et 62° 41′. On avait donc un angle obtus de 108° — 27′.

42. *Construire sur le papier un angle égal à un angle donné.*

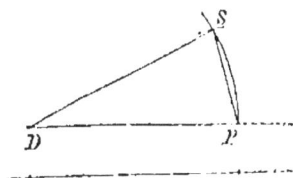

Fig. 6.

Ce problème est l'inverse du précédent, et il se résout d'après les mêmes principes. Il est entendu que l'angle donné l'est par sa graduation ; autrement, s'il est déjà formé sur le papier, il ne s'agirait que de tracer avec un même rayon un arc égal suivant le procédé connu [1].

Soit un angle de 37° 11′ à construire sur le papier en un point donné P d'une droite PD qu'on se donne également. On cherchera dans la table des cordes celle de 37° 11′. Pour 37° 10′ on a 0,6374 ; pour 37° 20′ on a 0,6401 : différence, 27 pour 10′ ; donc, pour 1′ on a 2,7 ou 3 ; la corde pour le rayon 1 sera donc 0,6377. On prendra donc un rayon PD de 1 décimètre, par exemple, avec lequel on décrira un arc de

[1] Voir *Géométrie*. Appl., n° 30.

cercle indéfini ; puis, du point D comme centre, avec un rayon 0,6377, ou 63 millimètres 8 dixièmes, on décrira un autre arc qui coupera le premier en un point S. Menant PI, on aura évidemment l'angle SPD pour l'angle demandé 37° 11'.

Si l'on prenait, au lieu de 1 décimètre, un rayon de toute autre valeur, de 165 millimètres par exemple, on calculerait la corde correspondante par la proportion ordinaire, qui donnerait 1,0522. Tel serait le rayon avec lequel on décrirait le second arc, savoir 105 millimètres 2 dixièmes. En tout cas, ce procédé a toute la précision dont est susceptible une opération au compas bien exécutée.

43. *Construire sur le terrain un angle dont la graduation est donnée.*

Il semble d'abord qu'il n'y aurait qu'à appliquer au terrain la méthode que nous venons d'exposer pour le papier. Mais elle implique le tracé d'arcs de cercle; ce qui ne peut s'exécuter en général sur le terrain d'une manière exacte ou commode. Voici le procédé qu'il faut employer.

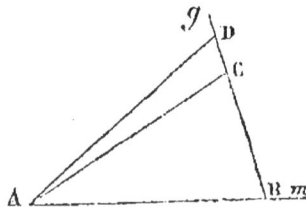
Fig. 7.

Soit A*m* la ligne sur laquelle il faut au point A construire un angle donné, de 41° 36' par exemple, on prendra sur le terrain un point C, tel que l'angle CA*m* soit de 41°, grossiè-

rement estimés, c'est-à-dire à $\frac{1}{4}$ près; encore cette
condition n'est-elle pas de rigueur. Puis on prendra
sur la droite A*m* un point B quelconque, et l'on
mesurera les trois côtés du triangle ABC. Le
point C et le point B qui sont choisis arbitrairement, doivent l'être de telle façon, que ces droites
soient faciles à mesurer, c'est-à-dire ne rencontrent
aucun embarras sur le terrain; il en doit être de
même du prolongement de la ligne BC au delà
du point C. Cela fait, on construira sur le papier
avec soin, d'après une échelle arbitraire, la plus
grande possible, le triangle ABC, par le procédé ordinaire[1]. Soient, par exemple, AB $=$ 56^m,13... AC $=$
59^m,17, BC $=$ 35^m,04. On prendrait l'échelle d'un
millimètre pour mètre, ce qui donnerait 56^{ml} $\frac{1}{10}$,
59^{ml} $\frac{2}{10}$ et 35^{ml}, et l'on construirait avec ces trois
longueurs un triangle dont on mesurerait l'angle A
par le procédé (n° 38). Soit cet angle 34° 48'; tel sera
aussi l'angle CAB du terrain, dont la différence avec
l'angle voulu 41° 36' sera par conséquent 6° 48'.
On construira alors sur le papier un angle CAD $=$
6° 48', ou ce qui revient au même, sur AB un angle
de 41° 36', et l'on aura une ligne AD qui viendra
couper en un point D le prolongement de la ligne BC.
On mesurera CD; soit cette longueur 9^{ml},3, elle représentera 9 mètres 3 décimètres du terrain. Alors
on prolongera sur celui-ci la droite BC, et l'on prendra 9^m,3 sur son prolongement, ce qui déterminera

[1] Voir notre *Géométrie*, n° 90.

le point D. Joignant AD, on aura DAB pour l'angle
demandé, avec le degré d'exactitude correspondant
à celle du papier.

Si l'angle à construire était obtus, ou même aigu,
mais peu différent de l'angle droit, on le fractionne-
rait en 2 parties qu'on construirait séparément.

44. *Rapporter un angle du terrain sur le papier.*

Ce problème semble rentrer dans l'énoncé de celui
du n° 42, puisque, l'angle du terrain étant mesuré
par le moyen de la table des cordes, il ne s'agit que
de construire sur le papier un angle de cette graduation. Toutefois le problème actuel est plus simple, en ce sens qu'il n'exige pas la mesure de la graduation angulaire. On peut construire sur le papier
un angle égal à un angle du terrain, sans connaître
la valeur de celui-ci en degrés et minutes.

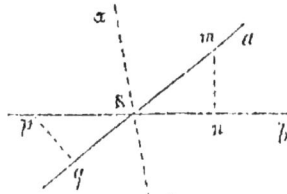

Soit en effet aSb l'angle du
terrain, on prendra sur ses
côtés 2 longueurs arbitraires Sm, Sn, aussi grandes
que possible, on joindra mn
et l'on mesurera cette dernière ligne. On connaîtra
ainsi les 3 côtés du triangle
mSn; on pourra donc le construire sur le papier d'a-
près l'échelle convenue, ce qui déterminera un angle
S égal à celui du terrain.

45. C'est en général par ce moyen plus simple et
plus court que nous rapporterons les angles du ter-

Fig. 8.

rain sur le papier dans nos opérations d'arpentage.
Mais il faut que les côtés du triangle du terrain,
d'ailleurs suffisamment grands, soient mesurés avec
exactitude, ce qui implique la condition d'une certaine facilité dans l'opération du mesurage. Or on
remarquera que d'abord on peut prendre la ligne *mn*
où l'on voudra; que, si l'angle *mSn* offre des embarras dans son intérieur, on a l'angle opposé par
le sommet qui est son égal, formé par le prolongement de ses côtés, et dans lequel on pourrait exécuter
l'opération en menant une ligne *pq*. — On a encore
l'angle supplémentaire *ASp*, dans lequel on peut
faire une construction analogue, et dont la mesure
donnerait par sa différence avec 180° celle de l'angle
voulu. On a encore l'angle opposé par le sommet à
cet angle supplémentaire. Enfin, dans l'un quelconque de ces angles, on peut prendre un point *x*
(ou même plusieurs points), pour diviser cet angle
en plusieurs parties et mener autant de transversales disposées de façon que leur mesure sur le terrain soit exempte d'embarras et de difficultés. On a
donc, comme on le voit, des conditions et des chances nombreuses pour pouvoir exécuter sur le terrain
le mesurage des droites qui déterminent l'angle par
leur rapport sur le papier.

En mesurant les trois côtés des triangles, et particulièrement les transversales, on connaîtra, par le
moyen indiqué (n° 21), le degré d'exactitude de cette
mesure, et l'on pourra calculer celui de l'angle rapporté sur le papier. Mais il est clair que, si la moyenne

des deux mesures de la transversale ne diffère des extrêmes que d'une quantité dont la représentation sur le papier, d'après l'échelle, ne soit qu'une petite fraction de millimètre, l'angle rapporté dans ces conditions devra être réputé tout à fait exact, et d'une exactitude au moins égale à celle que donneraient de bons rapporteurs d'un rayon comparable aux ouvertures de compas qui auront servi pour cette construction. Nous ne saurions néanmoins trop recommander, en général, ces recherches sur le degré d'exactitude de toutes les opérations d'après les méthodes des nᵒˢ 19-21.

46. *Diviser un angle sur le papier en tant de parties égales qu'on voudra.*

S'il ne s'agissait que de diviser l'angle en deux parties égales, on a le procédé connu par l'intersection des arcs de cercle [1]; mais il s'agit ici du problème général de la multisection, dont la solution, comme on sait, n'existe pas en géométrie, mais qui, dans sa plus grande généralité, n'est qu'un jeu dans la pratique, au moyen de la table des cordes.

Supposons en effet qu'il s'agisse de diviser en 7 parties égales l'angle S, qu'on mesurera d'abord, et qui

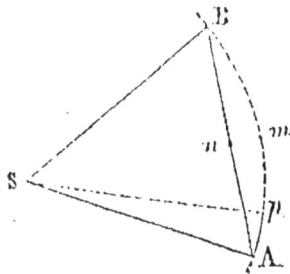

Fig. 9.

[1] *Géométrie. Appl.*, nᵒ 26.

sera, par exemple, de 69° 55'. On prendra le 7ᵉ de
cette valeur, ce qui donne 9° 56'. On cherchera dans
la table la corde de cet angle, qu'on trouvera être
0,1734 pour le rayon 1, ce qui revient à 17 millimètres $\frac{3}{10}$ pour un rayon d'un décimètre avec lequel
on pourra décrire l'arc AmB. On portera sur cet arc
une corde Ap de 17 millimètres $\frac{3}{10}$; le point p ainsi
rencontré sera le premier point de division. Si l'on
prenait un rayon autre que le décimètre, 83 millimètres, par exemple, la corde 0,173 devrait être réduite,
dans le rapport de 100 : 83, et deviendrait 0,1437.

On pourrait prendre l'arc Ap au compas et le porter six fois de suite sur l'arc total; mais il sera plus
exact de construire, à partir de A, des arcs multiples
de 9° 56' par 2, 3, 4, 5, 6. La vérification consistera
en ce que le reste de l'arc total, après la dernière division, devra être égal à l'une quelconque de ces divisions. S'il y a une différence sensible, on la répartira
à vue entre les 7 arcs. Il pourra en résulter plusieurs
petits tâtonnements; mais c'est un embarras inévitable,
et que ne pourrait épargner l'emploi du rapporteur.

47. *Diviser un angle sur le terrain en tant de parties
égales qu'on voudra.*

Sur le terrain on ne peut décrire un arc de cercle
entre les côtés de l'angle à diviser, ni par conséquent appliquer d'une manière directe la méthode
précédente. Voici ce qu'il faut faire :

On rapportera l'angle du terrain sur le papier,

en donnant à la figure le plus d'étendue possible;
soit d'ailleurs l'échelle du millimètre pour mètre.

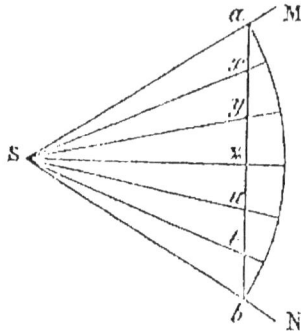

Fig. 10.

Si l'angle est à diviser en
six parties égales, on fera
sur le papier cette opération comme dans le n° précédent. Les rayons me-
nés aux points de division
couperont la courbe *ab* en
autant de points $x, y, z...$,
dont les intervalles ne
sont pas égaux, mais
qu'on mesurera avec soin.

Soit $ax = 8^{ml},5... \quad xy = 8^{ml},1... \quad yz = 7^{ml}, 9...$, et
le rayon $Sa = 38^{ml}, 2$. On prendra sur les côtés
de l'angle du terrain deux longueurs Sa, Sb, toutes
deux égales à 38 mètres 2 décimètres; on joindra
les points *a*, *b*, et, sur la droite tracée ou jalonnée
dans cet alignement, on prendra des longueurs
de $8^m,5... \quad 8^m,1... \quad 7^m,9...$ et ainsi de suite. On aura
pour vérification ce caractère, que le reste de *ab*,
après la détermination des 5 premières divisions,
devra être égal à la sixième division du papier,
mètre pour millimètre. S'il se trouvait une différence
sensible, on la répartirait entre toutes les divisions.
J'ai supposé que l'échelle de construction sur le papier
était du millimètre pour mètre. Si l'on peut employer
une échelle plus grande de 2, 3, 4, 5 millimètres pour
mètre, les résultats seront plus précis sur le terrain,
et, en général, il faut construire sur le papier avec

les échelles, les ouvertures de compas et les surfaces les plus grandes possibles.

48. La multisection des angles sur le terrain est un problème d'une application très-rare; il en est autrement de la division d'un angle en deux parties égales seulement; mais celle-ci est d'une exécution très-simple : on prend sur les deux côtés de l'angle, à partir du sommet, deux longueurs égales, et l'on mène la transversale correspondante dont on prend le milieu. La ligne menée du sommet par ce point milieu est la bissécante demandée [1]. On pourrait faire une construction semblable sur le papier au moyen du double décimètre, et se dispenser de l'usage du compas.

49. *Diviser une circonférence en un nombre quelconque de parties égales.*

La solution de ce problème, comme celle du précédent, n'existe pas en géométrie théorique, et l'on a donné pour la pratique des procédés dont quelques-uns n'offrent qu'une approximation grossière; mais nous avons une méthode très-exacte dans l'emploi de la table des cordes.

Soit une circonférence donnée à diviser en 13 parties égales. Divisant 360° par 13, nous trouvons pour chacun des 13 arcs une valeur de 27° 41′ 5, pour laquelle on trouve dans la table une corde de 0,4786 qu'on transforme pour le rayon de la cir-

[1] Voir *Géométrie,* n° 18, III, et Appl. 26.

conférence donnée. On porte cette corde sur la circonférence, ce qui détermine $\frac{1}{13}$ de cette ligne courbe.
L'arc ainsi trouvé peut être reporté à la suite de lui-
même, et le treizième coup de compas doit ramener
le point de départ si les opérations ont été bien faites. On remarquera toutefois que la minime inexac-
titude due soit à l'épaisseur des pointes du compas,
soit à un très-petit défaut de correspondance aux
deux bouts de l'arc à reporter, se trouvant ainsi
multipliée par un nombre considérable, il sera très-
rare qu'on retrouve exactement le point de départ.
On répartira à vue aussi bien qu'on le pourra le petit
excédant en plus ou en moins.

Ce procédé s'applique également sur le papier et
sur le terrain.

50. *Construire un polygone régulier quelconque.*

Ce problème rentre tout à fait dans le précédent.

Sur le papier, on décrira d'abord au crayon une
circonférence de la grandeur que l'on veut donner
au polygone, et on divisera comme précédemment
cette circonférence en autant de parties égales que le
polygone doit avoir de côtés. On mènera les cordes,
et l'on aura un polygone régulier inscrit, qui restera
après l'effacement de la circonférence directrice.

51. Sur le terrain on ne peut tracer une telle
circonférence. Voici comment on procéderait.

Soit *ab* le côté du polygone voulu, de 7 côtés,
par exemple : l'angle au centre serait du 7ᵉ de 360°

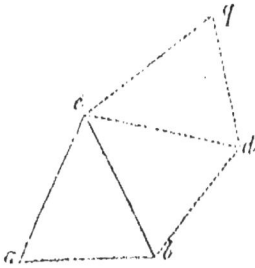

Fig. 11.

ou 51°25',7. Il reste donc pour les 2 angles égaux à la base 180° moins 51°25',7 ou 128°34',5; chacun d'eux en sera la moitié : soit 64°17',15. On construira en *a*, par les moyens cités plus haut, un angle de cette valeur, puis en *b* un angle égal; leurs côtés se couperont en un point *c*. La vérification sera que les 2 longueurs *ca*, *cb* devront être égales. Comme ce problème sur le terrain se restreindra en général à de petites étendues, telles que bassins dans des jardins, on pourra opérer avec des cordes, déterminer nettement l'intersection *c*, et la vérifier. Cela posé, on placera en *c* un piquet circulaire, auquel on attachera par une boucle une corde égale à *cb*; en *b* un pareil piquet, autour duquel pivotera de la même manière une corde égale à *ab*; on rapprochera les 2 cordeaux par leurs bouts. Soit *d* le point de réunion, ce sera le troisième sommet, et *bd* sera le deuxième côté du polygone demandé. On trouvera le point *g* et les autres sommets en répétant cette opération.

52. La construction d'un angle donné sur le terrain engage dans une construction moins simple que le procédé suivant, que nous recommandons de préférence.

Soit 6^m,35 le côté donné *ab*. Il doit être la corde d'un angle au centre de 51° 25' 7". On trouve pour celle-ci dans la table pour le rayon un 0,8678. Quelle serait la longueur du rayon d'une circonférence dans laquelle la corde ci-dessus vaudrait 6^m,35; c'est ce que donne la proportion: 0,8678 : 6^m,35 :: 1 : $x =$ 7^m,317. Cela trouvé, on plantera en a et en b deux piquets cylindriques, autour desquels pivoteront deux cordeaux terminés par un nœud, et d'une longueur de 7^m,317 chacun. On les tendra en rapprochant les nœuds qui se réuniront au centre, et détermineront le point c. Le centre du polygone ainsi fixé, on achèvera par le moyen indiqué ci-dessus, en se servant de l'un des deux cordeaux qu'on vient d'employer. Pour vérification, la septième corde ainsi menée devra faire tomber l'opérateur sur le point de départ. Si l'écart était assez considérable, il faudrait recommencer les opérations. Si au contraire, ce qui arrivera le plus souvent, le polygone se trouvait fermé à très-peu de chose près, on répartirait la différence sur la position des 7 sommets, en les rapprochant ou les éloignant du centre, suivant que le dernier écart serait en dehors ou en dedans du premier sommet.

§ 3. DES PERPENDICULAIRES ET DES PARALLÈLES.

Problèmes divers sur la construction de ces lignes.

53. *Vérifier les angles droits sur le terrain.*

Il se rencontre constamment sur le terrain, et sur-

tout dans les constructions, des angles droits ou sup-
posés tels. Mais souvent aussi cette rectitude n'est pas
atteinte; il y a eu dans l'opération erreur ou négligence. Rien n'est plus facile que de vérifier cette
condition, et, dans le cas où l'angle n'est pas rigoureusement droit, de reconnaître à quel point il s'é-
carte de la valeur 90°.

Soit à vérifier dans une chambre l'angle de deux
murs. On prendra sur le sol, le long de leurs côtés,
à partir de l'intersection, sommet, 2 longueurs égales, quelconques d'ailleurs; et l'on joindra leurs extrémités par une transversale qu'on mesurera avec
soin. Soient les 2 longueurs égales de 3^m,28 chacune,
et la transversale 4^m,615. D'après la fameuse proposition du carré de l'hypoténuse[1], la somme des carrés des deux côtés, ou ce qui revient au même, le
double du carré de 3^m,28 doit être égal au carré de
la transversale. Le carré de 3^m,28 doublé est
21^m,5168 dont la racine 4^m,638 serait la longueur
précise de la transversale si l'angle était droit. Notre
mesure 4^m,615 est plus petite; d'où nous concluons
que les 2 murs font un angle aigu.

Le rapprochement des côtés donne sur cette transversale une diminution de 23 millimètres, ce
qui est assez peu de chose; en calculant par la
table des cordes la valeur de l'angle, on le trouve
de 89° 25' exactement : l'erreur est donc de 35' en
moins. On rencontre très-fréquemment dans ces pré-

---

[1] Voir *Géométrie*, n° 114, et Applic., n° 118.

tendus angles droits des écarts de cette étendue. Si la
longueur de la transversale eût été 4^m,649, valeur plus grande que 4^m,638, l'angle serait obtus;
mais, pour connaître sa valeur précise, il faudrait ou
mesurer son supplément ou le diviser en deux portions dont les valeurs, mesurées à part par la table
des cordes, seraient additionnées pour faire l'angle
total. On trouve ainsi 90° 15'; l'écart est moindre que
dans le cas précédent.

Nous avons pris sur les côtés de l'angle deux longueurs égales pour simplifier les calculs; mais cette
égalité n'est pas indispensable, et quelquefois elle
rencontrerait des obstacles. Qu'on prenne deux longueurs différentes, 3^m,211 et 4^m,375; la somme de
leurs carrés est 29,451146, dont la racine = 5^m,427.
Telle devrait être la valeur de la transversale.
Qu'on l'ait trouvée de 5^m,415 seulement; l'angle
serait légèrement aigu; mais la table des cordes
ne pourrait faire reconnaître sa valeur, car les
rayons pris sur les côtés de l'angle ne sont pas
égaux.

54. *Mener sur le papier une perpendiculaire à une
droite donnée par un point donné.*

PREMIER CAS. — *Par un point donné sur la droite.*

Il y a d'abord le procédé géométrique, qui consiste à prendre à partir du point P des points équidistants à droite et à gauche, et de ces points, comme

centres, décrire avec un même rayon des arcs qui se
coupent en un point, lequel est un point de la perpendiculaire cherchée. (Voir pour ce procédé notre
Géométrie [1].)

Mais l'emploi de l'équerre et de la règle est
plus sûr, plus rapide et plus commode. Si l'on
a une équerre de bois, on la fait jouer sur la règle
de diverses manières, dont la plus simple consiste
à placer la règle parallèlement et très-près de
la ligne donnée; d'y appliquer l'un des côtés de
l'angle droit de l'équerre et de le faire glisser sur
la règle, jusqu'à ce que le second côté passe par
le point donné P, en débordant un peu au-dessous. Alors, par le point P, on mènera le long de
ce côté une droite PS qui sera la perpendiculaire
demandée.

55. Mais, au lieu de l'équerre de bois, nous
recommandons à nos lecteurs un autre petit instrument qui est celui-là réduit à sa plus simple
expression; nous voulons parler de l'équerre de
papier.

Qu'on prenne une feuille de papier un peu fort et
qu'on la plie en deux en y passant l'ongle, on aura
d'abord une ligne droite (n° 25). Qu'on plie encore
en deux cette feuille double, de manière à faire coïncider entre elles les deux parties de la ligne droite
qu'on vient de tracer, le second pli de cette feuille
pliée en quatre, sur lequel on promène aussi l'ongle,

---

[1] *Géométrie*, n° 18. Applic.

sera perpendiculaire à la première droite, puisqu'il sera le côté commun de deux angles adjacents égaux et superposés par construction. La feuille pliée en quatre formera donc équerre et d'une exactitude parfaite; on la fixera en cet état, en rattachant les quatre feuillets par des pains à cacheter.

Cette équerre, d'une simplicité rare, mais exacte autant que simple, servira d'abord, si l'on veut, à vérifier l'équerre de bois, qu'elle-même remplacera avantageusement. L'un de ses côtés pourra être appliqué sur la droite donnée, sa pointe, nette et vive, être placée sur le point donné en P; alors son second côté sera la direction de la perpendiculaire. Sur ce côté on marquera finement un point quelconque *m* qui appartiendra à cette ligne; puis, ôtant la feuille, on appuiera la règle sur les deux points P*m*, et la ligne menée par ces deux points sera la perpendiculaire demandée; à la rigueur même, on pourrait la mener au crayon le long de l'équerre elle-même, dont la tranche est assez résistante, si le papier est un peu fort, comme nous l'avons supposé.

DEUXIÈME CAS. — *Par un point pris hors de la droite.*

56. Outre le procédé géométrique ordinaire[1], on a encore ici l'usage de l'équerre, dont on appuie un des côtés sur la règle qui est contiguë à la droite donnée, et sur laquelle on la fait glisser jusqu'à ce que

---

[1] *Géométrie*, n° 18. Appl.

le second côté passe par le point donné z. Alors il coupe la droite donnée en un point y qu'il déborde un peu et qu'on marque; puis on applique la règle sur les points, et l'on mène xyz, qui sera la perpendiculaire demandée.

Dans ce cas aussi, l'équerre de bois peut être remplacée avantageusement par l'équerre de papier, qui, si le papier est fort, comme nous le prescrivons, peut glisser aisément sur le tranchant de la règle plate. Nos lecteurs se façonneront aisément à la manœuvre de ce petit appareil, et reconnaîtront que la précision qu'il donne est aussi complète que la simplicité de sa construction et la facilité de son emploi.

57. Mener une perpendiculaire à une droite sur le terrain.

Nous distinguerons d'abord le cas où l'opération doit être faite sur une surface de petite étendue, et celui où, au contraire, la perpendiculaire à déterminer doit avoir une longueur assez considérable, et pour laquelle on emploie communément l'équerre d'arpenteur.

58. Première supposition, — Perpendiculaire d'une petite étendue.

Première cas. — Par un point pris sur la droite.

Soit P le point donné. On prendra sur la droite RS,

4.

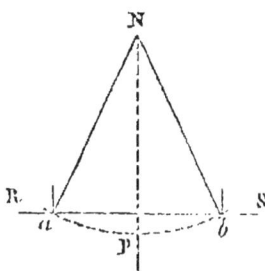

Fig. 12.

à droite et à gauche du point P, deux longueurs égales; aux points équidistants, *a*, *b*, on plantera 2 piquets cylindriques dans lesquels on engagera par 2 boucles les extrémités d'un cordeau de 2 ou 3 mètres de longueur, dont le milieu est marqué par un nœud. Puis on tend le cordeau par ce nœud, qui prend alors une certaine position N; la perpendiculaire cherchée est la droite PN. On aurait une vérification en répétant cette construction au-dessous de la ligne RS. On aurait un second point N, tel qu'un cordeau tendu entre ces 2 points devrait passer par le point P[1].

DEUXIÈME CAS. — *Par un point pris hors de la droite.*

Soit N ce point extérieur. On y fixera un piquet auquel on attachera un cordeau de longueur convenable qu'on tendra jusqu'à ce que son extrémité rencontre la droite donnée en un point *b*. Continuant le mouvement de rotation, on amènera cette extrémité à rencontrer la droite en un second point *a*. On prendra le milieu P de l'intervalle *ab*; ce sera le pied de la perpendiculaire qu'on construira en joignant PN. On vérifiera par le cordeau tout entier fixé en *a* et *b*, et tendu par son nœud au-dessous; le nœud

[1] Voir *Géométrie*, n° 1 (8ᵉ appl.).

devra tomber sur le prolongement inférieur de la perpendiculaire PN.

59. Seconde supposition. — *Perpendiculaire et espace d'une assez grande étendue.*

Premier cas. — *Mener la perpendiculaire par un point pris au dehors de la droite.*

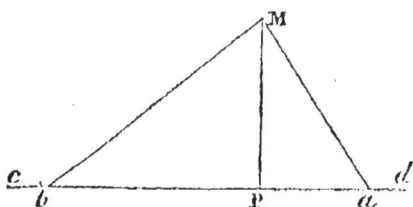

Soit *cd* la droite sur laquelle il faut abaisser une perpendiculaire par le point M. On prendra sur cette droite deux points, *a*, *b*, qu'on

Fig. 13.

joindra au point *m*, de manière à former un triangle dont on mesurera les 3 côtés; et l'on pourra choisir *a* et *b* de telle sorte que ces lignes se prêtent à un mesurage facile. Avec ces 3 côtés, on calculera la surface du triangle (n° 17); puis, doublant et divisant par la base *ab*, on aura pour quotient la hauteur MP. Maintenant, dans le triangle rectangle MP*a*, on connaît l'hypoténuse M*a* et le côté MP; on pourra donc calculer, par la formule du carré de l'hypoténuse, le deuxième côté *a*P; ce qui déterminera le point P pied de la perpendiculaire. Par les 2 points P, M, comme alignement, on jalonnera autant qu'il sera nécessaire.

Prenons comme exemple *ma* = 28,35... *mb* = 39, 91... *ba* = 44,34. La demi-somme des 3 côtés est

56,29; les 3 restes S— a, S— b, S— c, sont respectivement 27,96... 16,38... 11,95. Le produit des 4 facteurs est 308070,57448440; nombre dont la racine
carrée est 555,041, ce qui donne pour la surface du
triangle 555 mètres 4 décimètres carrés. Doublant
cette surface, ce qui donne 1110,08, et divisant par
la base 44,34, nous obtenons 25^m,036 pour la hauteur. Carrant ce nombre ainsi que l'hypoténuse
28,55, et retranchant le premier carré du second,
nous avons 175,787604 dont la racine carrée est
13^m,259. Telle est la longueur aP qui détermine le
point P.

De l'opération que nous venons de faire nous avons
une vérification par un autre calcul. On prouve en géométrie[1] que le segment aP est égal à la somme des côtés
des carrés am, ab, moins au carré du troisième côté
mb, le tout divisé par le double de la base ab. Ap-
pliquant ce principe au cas actuel, on a : $a\text{P} = \dfrac{ab^2 + am^2 - mb^2}{2\,ab}$. Effectuant les calculs des 3 carrés,
et divisant par le double de 44,34 on a pour quotient
13^m,259, valeur identique à celle trouvée ci-dessus
à moins d'un demi-millimètre près. Ce calcul est plus
court que celui que nous avons donné en dernier
lieu, et on pourrait l'indiquer comme la méthode à
choisir de préférence; mais on perdrait par là le bé-
néfice de la vérification. Il vaut mieux les appliquer
l'un et l'autre successivement.

[1] Voir *Géométrie*, n°s 115 et 116.

60. Nos lecteurs seront frappés sans doute de la singularité de ce moyen de détermination d'une perpendiculaire par le calcul. Les cas d'application n'en sont pas rares; ils se présentent surtout assez fréquemment dans la mesure des triangles et par suite des polygones. Ces triangles sont souvent des morceaux de terre bordés par des routes ou des sillons qui rendent très-facile la mesure des côtés. Or, après avoir calculé la surface par le moyen des 3 côtés, on a besoin d'une vérification. L'application de la dernière formule, donnant le segment *a*P, permet de calculer la hauteur PN dans le triangle rectangle *a*PN, dont on connaît l'hypoténuse et un côté. Avec cette hauteur et la base on calculera la surface, et l'on comparera le résultat à celui qu'on a trouvé par une autre voie.

61. DEUXIÈME CAS. — *Mener la perpendiculaire par un point pris sur la droite.*

Soit *p* le point donné. L'observateur, se plaçant en *p*, déterminera d'estime par le coup d'œil la direction de la perpendiculaire, et sur cette direction remarquera un point *m*, qu'au besoin il signalerait par un piquet. La droite *pm* ne sera perpendiculaire qu'approximativement. Du point *m*, on abaissera par la méthode pré-

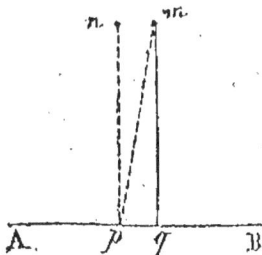

Fig. 11.

cédente une perpendiculaire sur AB : soit *mq* cette perpendiculaire. Le point *q* sera en général différent de *p*, mais il en sera très-voisin. On prendra l'intervalle *pq*, et on le reportera en *mn*, c'est-à-dire qu'on portera perpendiculairement à *mq* une longueur *mn = pq*; le point *n* sera un point de la perpendiculaire cherchée *pn*. A la vérité, la direction *mn* qu'on se donne n'est elle-même qu'estimée; mais, cet intervalle étant *très-court*, la petite erreur de direction n'a pas d'influence sensible sur la position du point *n*. C'est donc encore par le calcul que la perpendiculaire est déterminée.

62. *Mener une perpendiculaire à un plan.*

Nous ne considérons ici que des plans de petite étendue, tels que tables, dessus de meubles, de cheminées, appuis de fenêtres, marches d'escaliers, ou même planchers de chambres. Dans ces cas restreints, il existe un moyen très-simple d'établir une perpendiculaire au plan.

Pour cela, il ne s'agit que de prendre l'équerre de papier du n° 54, composée de 4 quarts de feuille, appliquées les unes sur les autres au moyen de 2 plis. Si l'on ouvre les deux feuillets doubles en les faisant tourner sur le second pli, on aura quelque chose d'analogue à un livre entr'ouvert et posé debout. Placé sur un plan horizontal, comme le montre la figure, l'équerre, que nous nommerons sous cette forme *équerre dièdre*, parce qu'elle forme un angle

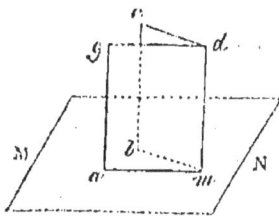

Fig. 15.

de 2 plans, se tiendra debout de telle sorte, que son arête *dm* sera parfaitement verticale, et en général, perpendiculaire au plan sur lequel on l'appliquera. En effet, par construction, cette arête est perpendiculaire aux 2 droites *am, bm;* celles-ci étant situées dans le plan MN, il en résulte, par un théorème connu[1] que *dm* est perpendiculaire à ce dernier. S'il est horizontal, *dm* sera verticale. Et ce résultat ne sera point altéré, quand même les droites *am*, *bm* se courberaient par le gauchissement des deux feuilles de l'angle, parce qu'elles resteraient dans le plan sur lequel elles reposent. Cette torsion d'ailleurs ne se produira point, si ces feuillets qui sont déjà doubles sont, comme nous l'avons recommandé, de papier un peu fort.

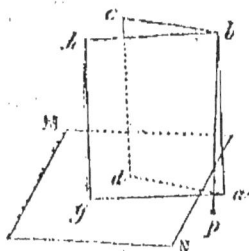

Fig. 16.

63. Notre équerre dièdre offre plusieurs applications utiles dont nous ne citerons ici que trois:

1° Elle peut servir à vérifier si une surface est plane. En effet, chacune des 2 arêtes *ad*, *ag*, est une ligne droite, et de plus leur intersection

[1] *Géométrie*, n° 133.

détermine un plan [1]; pour ces deux raisons, ces arêtes doivent s'appliquer exactement au plan qu'on met à l'épreuve. S'il en est ainsi, la surface est plane; si au contraire il y a des jours entre cette surface et ces lignes, l'état plan n'existera pas.

2° Elle peut servir à faire un alignement très-exact sur une surface horizontale. Il suffit pour cela qu'on en établisse 2 ou 5... à diverses distances sur cette surface: chacune des charnières formera un jalon parfaitement vertical, d'ailleurs d'une finesse et d'une netteté très-grandes; on pourra donc, en les projetant par visée sur des murs, déterminer l'alignement exact des points du plan horizontal sur lesquels on les aura élevés. On verra plus loin (n° 94) une application très-importante de cette opération.

5° Elle sert à reconnaître si une surface plane est horizontale, et dispense par conséquent de l'emploi d'un niveau. Qu'il s'agisse, par exemple, du dessus d'une table, ou de la tablette d'une cheminée, on y posera l'équerre dièdre, son arête et son angle débordant un peu le bord de la surface MN comme le montre la figure. En *b*, on a fait une petite fente, suivant l'arête, et dans cette fente on accroche par un simple nœud un petit fil à plomb qui descend au dessous du bord. Si la surface est horizontale, l'arête *ab* sera verticale, donc le fil à plomb s'y appliquera exactement sans incliner d'aucun côté. Si l'horizontalité n'a pas lieu, le fil à plomb

---

[1] *Géométrie*, n° 152.

s'écartera de l'arête, et par sa position indiquera le sens de la pente. Le fil peut prendre toutes sortes de situations autour de l'arête, s'appuyer sur l'une ou l'autre des faces de l'équerre dièdre, suivant les diverses pentes de la surface. Par le sens de son inclinaison et l'étendue de son écart, on jugera du sens et du degré d'inclinaison du plan mis en épreuve, et si on veut le ramener à l'horizontalité en le calant, l'arête et le fil à plomb serviront de guides à la main de l'opérateur. Il faut d'ailleurs que le fil soit assez fin, et le corps pesant d'un poids médiocre, pour qu'il ne tire pas trop sur l'équerre qu'il pourrait faire culbuter. Mais au besoin on peut retenir celle-ci avec la main sur le plan.

Dans notre figure, où le fil à plomb est à gauche de l'arête ab, et en avant de la face bg, on en déduit que le plan MN penche en allant de droite à gauche et de haut en bas. On voit donc d'un seul coup d'œil les 2 pentes qu'a en général un plan : indications que ne donne pas simultanément le niveau à bulle. Celles-ci sont d'ailleurs obtenues avec un degré de précision très-grand, qui est tout au moins de l'ordre de celui qu'on recherche et qu'il est utile d'obtenir dans tous les cas où l'on emploie le niveau à bulle ordinaire isolément. Voici donc encore un instrument dont les usages ont une certaine importance, et que nous remplaçons par une simple feuille de papier pliée en quatre; et nous verrons plus loin que cette simple feuille se charge de remplacer aussi la boussole et de régler les horloges !

5

64. *Par un point donné, mener une parallèle à une droite donnée sur le papier.*

Nous avons d'abord le moyen ordinaire du compas et des arcs égaux, pour lequel nous renvoyons aux traités [1]. Nous avons en second lieu le moyen préférable de la règle et de l'équerre.

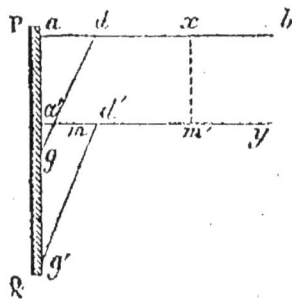

Soient la droite *ab*, et le point donné *m*. On met l'un des côtés de l'équerre sur la droite, et contre l'équerre *adg* dans cette position, on applique la règle PQ. Puis on fait glisser l'équerre le long de la règle, jusqu'à ce que le côté *ad* passe par le point donné : soit *a'd'g'* cette position de l'équerre. Par la droite *a'md'*, on mènera la parallèle demandée. Ce procédé repose, comme on sait, sur le théorème de 2 droites perpendiculaires à une même [2].

Fig. 17.

On remarquera que dans cette opération on peut très-bien substituer à l'équerre de bois notre équerre de papier qui glissera sans peine le long de la règle. Quand on aura atteint par ce mouvement le point *m*, on marquera sur l'autre côté de l'équerre un autre point *a'*; puis, enlevant la feuille de papier, on

[1] *Géométrie,* n° 19. Appl.
[2] *Géométrie,* n° 28.

appliquera la règle sur les 2 points a', m, qui dirige-ront la parallèle.

65. Il existe un troisième moyen peut-être plus simple encore, et qui est du ressort exclusif de l'équerre de papier. Soit sur la même figure m', le point par lequel il faut mener une parallèle à ab. Du point m' on abaissera $m'n$ perpendiculaire sur ab; et en m' on élèvera une perpendiculaire $m'y$ sur $m'x$. Cette seconde perpendiculaire sera la parallèle cher-chée [2].

66. *Mener une parallèle sur le terrain.*

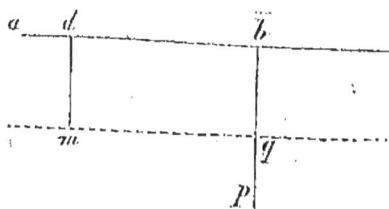

Fig. 18.

Le moyen géné-ral consiste à abais-ser du point donné m, une perpendi-culaire md sur la droite donnée; puis d'un autre point quelconque p abais-ser une autre perpendiculaire pb, sur laquelle on prendra une longueur $bq = dm$. Les 2 points m, q, détermineront la parallèle qu'on jalonnera.

Si le point m est peu distant de la droite donnée, comme cela a lieu dans le tracé des routes, des al-lées de jardin, les perpendiculaires se mènent au moyen du cordeau à nœud ($n° 57$). Dans le cas con-traire, il faut recourir à la construction par le cal-

[1] *Géométrie*, n° 28.

cul (n° 58). Celui-ci donne la longueur de la perpendiculaire *md*, qu'on reporte en *bq*.

67. Ce procédé nous rejette dans la difficulté de
mesurer une ligne *bq* dans une direction qu'on ne
s'est pas donnée; cependant cette difficulté est éludée
en partie par le choix qu'on peut faire du point *p*,
et par conséquent du terrain que traversera la perpendiculaire *pb*. Toutefois, si l'on ne pouvait se sous-
traire à cet embarras, on recourrait à la méthode du
numéro précédent, c'est-à-dire qu'on abaisserait une
perpendiculaire *md*, puis on élèverait sur celle-ci
une autre perpendiculaire *mq*, par le moyen du n° 58.
Celle-ci serait la parallèle demandée. La vérification
dans ce cas consisterait à abaisser de l'un quelconque
des points de la ligne *mq*, une autre perpendiculaire sur *ab*; d'en calculer la longueur et de la com-
parer à celle de *md*.

§ 4. — PROBLÈMES DIVERS SUR LES LIGNES.

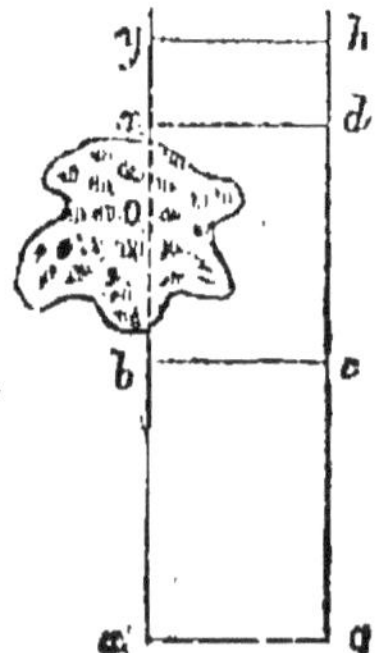

Fig. 19.

68. *Prolonger une ligne droite sur le
terrain à travers un obstacle.*

Soit *o* l'obstacle, arrêtant au point
b la droite de construction *ab*. En
élevant sur cette droite deux perpendiculaires *bc*, *ag*, on aura une parallèle qu'on prolongera au delà de
l'obstacle en *h*. Sur celle-ci, on élèvera deux perpendiculaires *dx*, *hy*,

qu'on prendra égales à *cb;* les points *x, y,* seront sur le prolongement de la droite *ab.*

69. *Par un point pris dans le plan d'un angle dont le sommet est invisible, mener une droite à ce sommet.*

Soit O l'obstacle; S le sommet de l'angle formé par les deux droites, *m* le point donné. Sur ce point on mènera une transversale quelconque *amb;* puis une parallèle *cd* à cette transversale, par un point choisi à volonté. On partagera cette parallèle mesurée, en deux parties qui soient entre elles comme *am : mb.* Soit *g* le point de division : les deux points *m, g,* seront dans l'alignement de la droite demandée, et la détermineront. — Cette construction est fondée sur la proposition n° 81 de notre *Géométrie.*

Si le point donné était à l'extérieur de l'angle en *m'* par exemple, on mènerait également la transversale *m'a;* puis une parallèle quelconque *cd* débordant à l'extérieur, et sur laquelle on prendrait un point *d'* tel qu'on aurait *dd' : bm' :: cd : ab.* Les 2 points *d', m',* détermineraient la droite convergente en S.

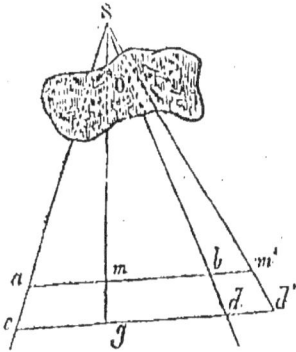

Fig. 20.

70. *Mesurer une hauteur par des opérations sur le sol*, en avant.

Il existe pour cela divers procédés, mais tous sujets à des difficultés qui les rendent trop peu exacts pour mériter d'être recommandés. Un seul nous paraît faire exception, c'est le procédé de mesure des hauteurs par leur ombre.

Soit PS l'objet dont on veut connaître la hauteur, et qui projette une ombre PG. A l'instant où cette ombre atteint le point G, qu'on marque sur le sol avec un trait au couteau, l'opérateur se place debout de telle sorte que son ombre propre atteigne un point *d* marqué d'avance sur le sol, et il se tourne de telle façon que cette ombre soit transversale à la ligne des pieds joints, sur laquelle tombe la projection du sommet de sa tête; de cette manière l'origine *b* de son ombre part précisément de cette ligne des pieds, qu'il lui est facile de marquer sur le sol. L'ombre de l'objet part également de la projection de son sommet sur le sol, projection facile à déterminer quand l'objet est un bâtiment. Cela posé, on a proportion entre les ombres et les hauteurs qui les fournissent[1]. Soit l'ombre de l'objet 13ᵐ,45; celle de l'opérateur 1ᵐ,13; sa hauteur propre

----

[1] Voir *Géométrie.* Appl. nᵒ 57.

$1^m,74$; on aura la proportion $1,13 : 13,45 :: 1,74 :$
$x = PS = 20^m,71$.

Ce procédé offre les avantages et les inconvénients
que voici :

Ses inconvénients consistent en ce qu'on ne peut
l'appliquer en tout temps. Il faut d'abord la présence
du soleil; il faut que les ombres ne soient pas trop
longues, autrement on trouverait difficilement une
surface plane sur laquelle elles se développent sans
obstacle; ce qui limite les opérations aux heures
moyennes de la journée, et à la partie de l'année
comprise entre avril et août. De plus, la pénombre
forme toujours obstacle à une détermination nette
et à une mesure précise de la longueur de l'ombre,
et l'incertitude est d'autant plus grande que l'objet
est plus élevé.

Ses avantages consistent en ce que la méthode
n'exige pas un sol horizontal: il suffit que la surface
en soit à peu près plane; les triangles sont également semblables sur un plan incliné; en ce que
l'opérateur peut se tenir parfaitement droit, ce qui
donne une vraie verticale entre le sommet de sa
tête qui porte ombre et la ligne des pieds; en ce que
l'opérateur peut se placer où il veut pour faire son
ombre; enfin en ce qu'on n'est pas obligé de mesurer sur le champ les trois termes connus de la
proportion : des marques sur le terrain permet-
tent de mesurer les ombres à loisir, et chacun peut
mesurer chez soi sa propre hauteur. Quant aux inconvénients de la méthode, ceux qui résultent de la

limitation forcée du temps propre aux opérations
sont peu graves; ils ne sont pas inhérents à la méthode elle-même, et obligent seulement à choisir des
jours et des heures convenables, comme toutes les
opérations topographiques qu'interdisent les jours
de pluie et les époques de neige. Il n'y a d'ob-
jection sérieuse que l'incertitude de la pénombre;
mais, avec un peu d'attention, cette difficulté peut
être éludée passablement. La pénombre n'offre une
incertitude de quelque étendue que lorsque l'objet est très-élevé et son ombre très-longue; mais
alors la partie douteuse de celle-ci n'est qu'une petite fraction de la longueur de l'ombre, et ne donne
dans le résultat du calcul qu'une incertitude qui est
aussi une petite fraction de la hauteur de l'objet. En
se donnant d'ailleurs, à raison de la pénombre, deux
longueurs limites en maximum et en minimum, et
calculant d'après ces deux bases, on aura deux résultats dont la différence fera connaître l'approximation et dont on prendra la moyenne. On reconnaîtra
qu'en général le degré d'exactitude obtenu par cette
méthode est suffisante pour le besoin.

71. *Mesurer une ligne* en partie *inaccessible.*

Il y a à distinguer deux cas.—Si la ligne est seulement interrompue par un obstacle, mais que les
extrémités en soient toutes deux accessibles, c'est le
cas du n° 68; et l'on transforme la mesure de *ay* en
celle d'une parallèle *gh*, dont les extrémités sont dé-

terminées par deux perpendiculaires aq, yh : ceci repose sur un théorème de géométrie [1].

Plaçons-nous dans le second cas, en supposant que la ligne à mesurer soit accessible par l'une de ses extrémités seulement.

Soit ab la ligne à mesurer. On mènera en avant de l'obstacle une droite quelconque ac, aussi longue que possible, en égard à la facilité du mesurage, et l'on plantera un jalon en c. Puis sur l'alignement ac, on prendra une autre longueur cd; sur l'alignement cb, une autre longueur cg, et l'on mesurera les trois côtés du triangle dcg. On fera une opération semblable en a, où l'on mesurera les trois côtés du triangle ahk. Enfin on mesurera ac, et l'on aura tout ce qu'il faut pour connaître la longueur ab.

On portera ces éléments sur le papier, où l'on construira avec soin et à la plus grande échelle possible, 1° la ligne base ac; 2° les deux triangles cdg, ahk, qui détermineront les angles a, c, ou, ce qui revient au même, les directions ab, cb, qui se couperont en un point b; la droite ab, mesurée à l'é-

---

[1] Voir *Géométrie*, n° 28.

chelle, donnera la longueur de son analogue sur le terrain.

Le degré d'exactitude de ce procédé dépend de plusieurs précautions, et aussi des circonstances locales. Il sera d'une application d'autant plus parfaite, que l'on pourra mesurer avec plus de précision la base *ac* et les trois côtés des deux triangles qui la terminent. Au sujet de ceux-ci, nous répéterons la remarque déjà faite ailleurs (n° 44), c'est que ces triangles déterminateurs des angles peuvent être construits, *ad libitum*, dans chacun des quatre angles formés par l'intersection des deux côtés, ce qui offre des chances pour rencontrer un terrain qui se prête bien au mesurage. Enfin il faut, et c'est peut-être la condition la plus importante, se donner la base AB dans telle direction et telle longueur que la ligne *cb* vienne couper *ab* sous un angle qui approche le plus possible de l'angle droit. Si cet angle était aigu, au-dessous de 30 degrés, par exemple, les deux droits se coupant très-obliquement au point *b*, celui-ci serait mal déterminé. Il suffit, pour comprendre cet effet, de faire varier tant soi peu la position de l'une des deux lignes qui forment un angle très-aigu pour remarquer que l'intersection subit un déplacement très-considérable; une fort petite erreur dans la grandeur de l'un des deux angles à la base pourra amener un déplacement considérable dans la position du point *b* et dans la longueur de *ab*. C'est là la pierre d'achoppement de cette méthode et de toutes les ana-

logues, parce que le terrain ne se prête pas toujours
à ce qu'on puisse se donner la direction la plus avantageuse pour *ac*, ni surtout une longueur suffisante.
Quand les conditions sont défavorables, il ne faut pas
appliquer la méthode, et celle-ci doit céder le pas
aux instruments topographiques. Mais, lorsqu'on a
pu s'en servir, on peut vérifier le résultat ou reconnaître son degré d'exactitude, en se plaçant successivement dans les conditions du mesurage, qui donnent un maximum et un minimum. Si les résultats
diffèrent peu, on prendra la moyenne, comme dans
tous les cas analogues.

72. *Mesurer une ligne entièrement inaccessible
au delà d'un obstacle.*

Soit AB, la ligne en question. L'opérateur placé
au point S en avant mesurera, par la méthode du

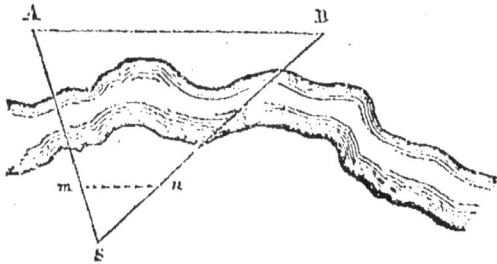

Fig. 25.

numéro précédent, les deux distances SA, SB. Cela
fait, il prendra sur l'un de ces deux côtés une longueur arbitraire S*m*; calculera, par la proportion

SA : Sm :. SB : x, une longueur Sn qu'il prendra
sur SB, et mènera mn qu'il mesurera. Alors il éta-
blira une seconde proportion sur Sm, mn, SA et AB.
Cette dernière se trouvera donc ainsi déterminée.

Pour exemple, supposons qu'on ait trouvé SA =
122^m,4; SB=159^m,3; qu'on ait pris Sm=41... on aura
la première proportion... 122,4 : 159,3 :: 41 : Sn
= 53^m,36. Après avoir pris cette longueur, qui donne
le point n, on mesurera nm, qu'on trouvera, je suppose, de 83^m,12; on aura la deuxième proportion...
41 : 122,4 :: 83,12 : AB=248^m,1.

73. *Trouver la longueur du rayon d'une courbe*
quelconque tracée sur le terrain.

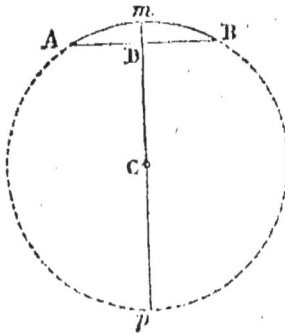

Fig. 24.

En supposant, ce qui a
presque toujours lieu, que
la courbe ait une flexion
régulière, elle peut tou-
jours être assimilée à un arc
de cercle. On prendra donc
sur cette courbe 2 points,
A et B; on mesurera la corde
AB; on en prendra le mi-
lieu D, et on mesurera la
flèche mD. On aura alors [1]
la proportion mD : DB ::

DB : DP.. A ce quatrième terme DP ainsi déterminé,

----

[1] Voir *Géométrie,* n° **82.**

on ajoutera la flèche, ce qui composera le diamètre entier, dont on prendra la moitié.—Soit, pour exemple, AB=11^m,56, d'où DB=5^m,68, et mD=1^m,41. On a... 1,41 : 5,68 :: 5,68 : DP=22^m,88. Le diamètre entier sera donc 24,29, dont la moitié, 12^m,14, donne la longueur du rayon.

Cette méthode exige une mesure très-précise de la flèche, surtout lorsque celle-ci est peu considérable à l'égard de la corde, ce qui a lieu sur les courbes des chemins de fer qui sont d'un grand rayon et dont la courbure est peu sensible dans une étendue médiocre.

73 bis. *Décrire un arc de cercle appuyé sur une corde donnée, le centre du cercle étant inaccessible.*

Une circonférence ne pouvant être tracée d'une manière continue quand on n'a ni son centre ni son rayon, du moins sur le terrain, il s'agit ici de tracer par points l'arc du segment. Or il se présente plusieurs cas :

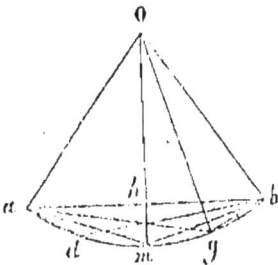

Fig. 25.

PREMIER CAS. — *La corde ab est donnée, ainsi que la longueur numérique du rayon, mais le centre est inconnu et inabordable.*

Soit ab = 64 mètres, et le rayon de la circon-

férence à décrire 500 mètres. On trouvera d'a-
bord la flèche *hm*, en faisant le carré du rayon *ob*,
retranchant le carré de la demi-corde *bh*, et prenant la racine carrée du reste : ce sera la longueur
oh. Si on la retranche du rayon, on aura *hm*. En
faisant les calculs sur les nombres donnés, 500 et 64,
on trouve *oh* = 498^m,885, d'où *hm* = 1^m,115. Sur le
milieu de la corde *ab* on élèvera une perpendiculaire de 1^m,115 : on aura ainsi le point *m*. — On
trouvera de la même manière la flèche de l'arc
mb, et, par suite, le point *g*, et ainsi du reste, en
mesurant les cordes comprises entre les points déjà
déterminés, ou les calculant, si l'on veut, comme
hypoténuses de triangles rectangles, dont les côtés
sont déjà connus. On aura ainsi autant de points
qu'on le voudra; et, s'ils sont suffisamment rapprochés, on pourra les réunir à vue par un trait continu dont la courbure sera suffisamment exacte.
C'est ainsi qu'on peut faire le trait des courbes que
présentent les chemins de fer, et dont les rayons
n'ont jamais moins d'un demi-kilomètre.

DEUXIÈME CAS. — *La corde ab et la flèche hm sont données,*
mais non pas le rayon.

Ce cas rentre dans celui du n° 73 : par la flèche et la corde on calculera le rayon; dès lors
on opérera comme on vient de le voir dans le premier cas.

TROISIÈME CAS. — *Trois points seulement sont donnés, tout à fait quelconques* a, b, g.

On peut résoudre ce problème par deux procédés différents :

L'un consiste à mesurer les trois longueurs *ab*, *ag*, *bg*, sur le terrain, et à rapporter sur le papier, avec soin et avec la plus grande échelle possible, le triangle *abg*; puis à circonscrire à ce triangle une circonférence par les moyens connus[1] : on obtiendra de cette manière la longueur du rayon. Cette valeur connue, on retombe sur les cas précédents.

Le second procédé s'applique de la manière suivante. On tend, du point donné *g* aux points *a* et *b*, deux cordeaux ou plutôt un seul *agb*, qui se plie au piquet *g*; on fait un nœud en ce point, puis on retourne ce cordeau en échangeant les extrémités *b*, *a*, et on le tend par le nœud ; celui-ci prend alors une position *d*, symétrique de *g*, et qui est évidemment un point de l'arc demandé. On fait une opération semblable à l'égard des trois points *g*, *a*, *d*, ce qui donnera, par rapport à la corde *ag*, un point symétrique de *d*. On en trouvera un autre symétrique de *g*, par rapport à la corde *bo*, et ainsi de suite, en prenant pour base chaque corde à son tour. On ne tarde pas à arriver à deux points voisins, entre lesquels se trouve le milieu de l'arc; si bien qu'on peut marquer à vue ce point *m*. Dès lors on rentre, si l'on veut, dans les cas et les moyens précédents.

[1] Voir *Géométrie*, n° 44.

Celui-ci ne peut s'appliquer avantageusement que si les trois points donnés sont à de médiocres distances les uns des autres.

---

§ 5. — DU LEVER DES PLANS.

Définitions et préliminaires.

74. Lever le plan d'un terrain, c'est tracer sur le papier une représentation de ce terrain, telle que toutes les distances entre deux points quelconques du papier soient proportionnelles aux distances du terrain qui sont figurées par les premières.

Si l'on joint par des droites tous les points d'un terrain qu'on veut représenter sur le plan, le terrain se trouvera divisé en un certain nombre de triangles. Il ne s'agira que de construire sur le papier, d'après une proportion convenue, autant de triangles semblables et disposés de la même manière. Leur ensemble sera la représentation exacte ou le plan du terrain : c'en sera le portrait en miniature, dans telles proportions qu'on voudra.

75. Ces proportions constituent l'*échelle* du plan ; elles sont arbitraires et déterminées, en général, par la dimension de la feuille de papier comparée à celle du terrain que l'on y figure. On dit que l'échelle est au 500ᵉ, au 300ᵉ, au 1000ᵉ, selon que les dimensions de la figure sur le papier sont la 500ᵉ, la 300ᵉ, la 1000ᵉ partie des dimensions homologues du terrain. Sup-

posons que la plus grande de celles-ci fût de 440 mètres, par exemple, et la plus longue du cadre sur
le papier, de 38 centimètres. Le premier de ces deux
nombres contenant le second 1158 fois, il fau-
drait adopter une échelle qui ne dépassât pas $\frac{1}{1158}$.
On la prendrait un peu moindre et en dénominateur
rond, par exemple $\frac{1}{1200}$.

Mais on peut toujours, et c'est le moyen que nous
emploierons exclusivement, formuler l'échelle sous
une forme plus simple et d'une application plus facile, en prenant *tant de millimètres pour mètre*, et
en réglant ce nombre de millimètres sur l'étendue du
papier. Prenons, par exemple, les deux nombres
185 mètres, et 58 centimètres, ou 580 millimètres,
pour représenter les plus grandes dimensions respectives du terrain et du papier : l'échelle de *un* millimètre prendrait sur le papier 185 millimètres, nombre qu'on peut beaucoup dépasser. *Deux* millimètres
pour mètre donneraient 370; *trois* donneraient
555 millimètres, valeur un peu inférieure à 580;
tandis que 4 millimètres donneraient beaucoup trop,
soit 730. On prendra donc l'échelle de 3 millimètres
pour mètre; et, en général, il faut adopter la plus
grande échelle possible; il en résulte toujours une
plus grande exactitude, et dans le tracé et dans la
mesure des distances qu'on évalue sur le plan.

Admettons pour exemple l'échelle de 3 millimètres : une longueur de 49 mètres sur le terrain serait
représentée sur le papier par celle de 49 fois 3 ou
147 millimètres; et, si la longueur à prendre est

donnée en direction à partir d'un certain point, on placera sur ce point le zéro du double décimètre, et l'on pointera le 147ᵉ millimètre. En général, on multipliera le nombre de mètres du terrain par le chiffre de l'échelle ; le produit sera en millimètres la ligne du papier. De cette manière, par l'emploi immédiat du double décimètre, on pourra, dans les cas les plus nombreux, se passer même du compas.

76. Cela posé, on peut dire, d'après les définitions du n° 74, que toutes les opérations dont se compose le lever du plan d'un terrain quelconque se réduisent à construire sur le papier un triangle dont les trois côtés sont donnés. En effet, si l'on décompose le terrain en triangles dont les côtés joignent tous les points qu'il s'agit de représenter, le travail consistera en autant d'opérations semblables qu'il y aura de ces triangles; et, pour représenter ou *lever* l'un quelconque de ceux-ci, il suffira de mesurer ces trois côtés, et, avec ces trois côtés réduits à l'échelle, construire sur le papier le triangle qu'ils déterminent. Soient, par exemple, les trois côtés du triangle, 25ᵐ,7... 31ᵐ,3... 41ᵐ,6, et l'échelle du plan 4 millimètres pour mètre. En multipliant ces trois nombres par 4, on aura 102,8... 125,2 et 166,4... ou 102 millimètres 8 dixièmes, 125 millimètres 2 dixièmes, et 166 millimètres 4 dixièmes pour les côtés du triangle à construire. Suivant donc le procédé connu[1], on prendra une longueur AB = 166,4;

⸻

[1] Voir *Géométrie*, n° 90.

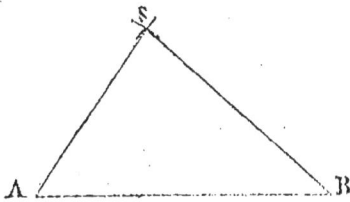

du point A comme
centre et avec un
rayon 102,8 on dé-
crira un arc de cer-
cle ; et du point B
avec un rayon 125,2
un autre arc qui
coupera le premier

Fig. 26.

en un point S. Le triangle ABS sera sur le papier la
représentation du triangle du terrain : ce sera un
triangle *semblable*, parce qu'il est construit avec
des côtés homologues proportionnels. Chacun des
côtés de ce triangle servirait de base à une autre
que l'on construirait de la même manière, et cet
enchaînement finirait par remplir la figure complète.

77. Encore une fois, le lever d'un plan ou la représentation graphique d'un plan se réduit, théori-
quement du moins, à la mesure de trois droites et à
la construction sur le papier d'un triangle dont les
trois côtés sont donnés. Dans un certain nombre de
cas, ce procédé sera suffisant, et il en faudra faire
l'emploi toutes les fois qu'il sera praticable, ce qui
suppose un champ d'opérations d'étendue très-res-
treinte, en même temps que l'absence presque absolue de toute difficulté de relief.

Mais cette méthode, il faut le dire, serait, dans un
très-grand nombre de cas, véritablement impratica-
ble, d'une part, à raison de la multiplicité intolé-
rable des opérations de mesure ; de l'autre, à cause

des inégalités du sol ou des obstacles qui en compromettraient l'exactitude. Nous allons en exposer une autre, qui n'emprunte à celle-ci qu'une ou deux de ses opérations, après quoi elle suit une marche différente beaucoup plus facile, plus expéditive et plus sûre, et qui n'est que peu ou point entravée par les embarras du terrain. Le mesurage ne se fait plus, en général du moins, à travers champ, mais sur des lignes droites tracées d'avance, le long desquelles le cheminage est presque toujours facile.

C'est la méthode de *cultellation* ou *des alignements*. Voici en quoi elle consiste :

78. Supposons d'abord que la surface dont il s'agit de lever le plan soit circonscrite par une enceinte tracée, telle que des murs ou des haies. On commencera par lever le plan de cette enceinte et la rapporter sur le papier, d'après l'échelle convenue. Pour cela, on mesurera d'abord 2 côtés AB, BC, et pour déterminer l'angle B , on prendra sur ses côtés deux longueurs B*m*, B*n*, qu'on mesurera , ainsi que la transversale *mn*. Les trois côtés de ce triangle qui

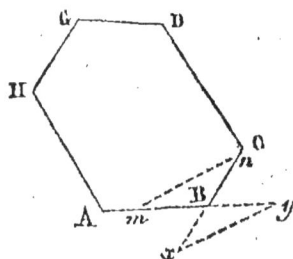

Fig. 27.

permettront de le construire sur le papier détermineront l'angle B suivant les méthodes des n°° 44 et 45. Le triangle *m*B*n* pouvant avoir quatre positions différentes autour du point B, et la ligne *mn*

ayant une position à volonté, il y a toutes sortes de
chances pour rencontrer des conditions de mesurage
suffisamment commodes. Cet angle B étant rapporté
sur le papier, on prendra sur ses côtés deux longueurs correspondantes, d'après l'échelle, aux lignes AB et BC du terrain. On déterminera l'angle C
de la même manière, et l'on prendra sur le papier,
d'après l'échelle, une longueur correspondante à CD
mesurée sur le terrain. On procédera de la même
manière pour les autres angles et les autres côtés.
Il en résultera un polygone qui se fermera de lui-
même sur le papier, comme il le fait sur le terrain,
si les opérations de mesure ont été suffisamment
exactes. En général, à raison de la multiplicité de
ces opérations dont chacune comporte une petite erreur, le raccord ne se fera pas; il y aura, même
après des opérations assez bien faites, un petit écart
en plus ou en moins. On le répartira sur tout le périmètre, en diminuant légèrement tous les angles, si
le dernier côté n'a pas atteint le premier; en les augmentant, au contraire, si le dernier côté a pénétré
au delà du point de départ.

79. On voit, par ce qui précède, que la détermination préalable de l'enceinte suppose l'application
de la méthode (nᵒˢ 76 et 77) autant de fois qu'il y a
d'angles, et jusque-là nous n'avons gagné aucun
avantage. Mais on verra un peu plus loin que la méthode de la détermination de l'enceinte peut être
considérablement simplifiée. Supposons-la tracée
d'une manière quelconque : voici comment procède,

pour la détermination de tous les points intérieurs, la méthode des alignements.

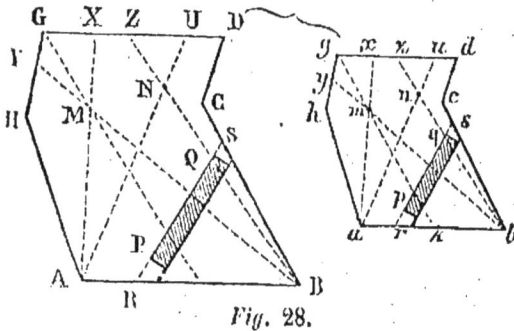

Fig. 28.

79. Soit A B C D G H l'enceinte du terrain, et *abcdgh*, sa représentation sur le papier. Soit un point M à rapporter et figurer en *m*. L'opérateur marchera le long du côté GD jusqu'à un point X, duquel le point M lui paraîtrait s'aligner sur le point A. Il mesurera GX ; soit cette longueur 17ᵐ,80, qui, à l'échelle de 2 millimètres, par exemple, donne 35,6. Il prendra sur le papier une longueur *gx* égale à 35 millimètres 6 dixièmes, et mènera au crayon *ax*, qui sera la représentation de la ligne AX du terrain. Il fera une seconde opération semblable, en se plaçant sur GH en un point Y, par lequel M paraisse s'aligner sur l'angle B. Il mesurera GY : soit 15ᵐ,3 cette longueur, ou sur le papier 30,6. Il prendra *gy* = 30 millimètres 6 dixièmes, et mènera au crayon *by*, qui sera la représentation de BY. Le point M, étant à la fois sur AX et BY, sera leur intersection. Donc, le point *m*, intersection sur le papier des deux droites qui représentent les premières, sera lui-même la représentation du point M. On le marquera à l'encre, et on effacera les traits au crayon.

On procédera de la même manière à l'égard d'un second point et de tous les autres. Pour le point N, par exemple, on a les alignements AU, BZ, déterminés par les longueurs mesurées DU, BZ; la construction sur le papier donne le point n, intersection de deux droites au crayon, qu'on effacera en arrêtant à l'encre cette intersection.

S'il existe des constructions sur le terrain, on détermine de la même manière les sommets de leurs angles ou les extrémités de leurs côtés, et on les réunit par des lignes droites. Dans certains cas, comme celui que présente la figure, on déterminerait le côté Pq, en mesurant BR et BS, qui donnent R, S, puis PR et QS, ce qui détermine les deux points P, Q; mais il y a, dans tous les cas, quatre mesures à prendre.

80. En général, donc, un point est déterminé par l'intersection de deux alignements et la prise de deux mesures directes. Mais on voit en quoi cette méthode diffère de la méthode des triangles, qui n'exige pour chacun d'eux aussi que deux mesures, et en quoi elle est bien plus avantageuse. Dans la méthode par les triangles, il faut mesurer constamment des lignes à travers champ, et dont on ne peut, en général, choisir la position; dans la méthode des alignements, au contraire, on mesure exclusivement sur des lignes d'un parcours facile, généralement de niveau, et exemptes de ces accidents qui font l'écueil et le tourment de l'autre méthode. Il en résulte que souvent

le mesurage peut être fait au pied d'homme. On remarquera encore que, dans ce système, un seul opérateur suffit à la besogne, et qu'il peut se passer du
concours d'un auxiliaire. Or nous n'avons pas besoin
de dire que, si nous nous alignons sur les angles de
l'enceinte, c'est pour plus de simplicité, mais qu'on
peut s'aligner autrement et sur tel autre point de
l'enceinte qu'on voudra. Mais nous devons faire une
autre remarque : on peut rarement cheminer sur les
lignes mêmes qui forment l'enceinte; le plus souvent
c'est parallèlement à ces lignes, et à faible distance.
Dans ce cas, lorsqu'on a trouvé la position d'alignement que l'on cherche, on laisse tomber de l'œil opérateur sur le sol un petit objet qui en détermine la
projection, et l'on détermine à vue, avec une exactitude suffisante, le point du côté de l'enceinte que
rencontre l'alignement prolongé.

81. Lorsque les points à déterminer sont des objets d'un certain diamètre, comme de gros arbres, on
vise un de leurs bords, celui de droite, par exemple,
et c'est celui-là qui est rapporté sur le papier; l'objet
tout en entier est ensuite figuré d'après la grandeur
de l'échelle. S'il était d'une largeur plus considérable, on ferait l'opération successivement sur les deux
bords opposés, comme sur deux objets distincts.

82. Dans un assez grand nombre de cas, les opérations se simplifient particulièrement lorsque le dessin
qu'offre le terrain à lever se compose en tout ou en
partie de lignes se coupant à angles droits; les bâtiments et jardins en offrent de continuels exemples.

Le lever, dans ce cas, se réduit à des mesures de lignes sur les bords des objets, et à leur transport sur le papier avec le concours de l'équerre. Dans ce cas, le plus souvent, les mesures peuvent être prises au pied d'homme. Ce travail est facile, expéditif et d'une exécution sûre; il comporte, d'ailleurs, les moyens ordinaires de vérification. Nous avons ainsi levé au pied d'homme, avec une grande exactitude, un vaste ensemble de bâtiments, cours plantées et jardins, couvrant une surface de deux hectares; une partie de ce travail a été exécutée la nuit, au clair de la lune.

83. Nous avons supposé d'abord que le terrain à lever était enclos dans une enceinte quelconque. Il peut arriver que cette enceinte n'existe pas; et elle est nécessaire cependant pour servir de base aux opérations de notre méthode des alignements. Mais ce cas se ramène au précédent au moyen d'une enceinte artificielle de jalons dont on pourra toujours circonscrire le terrain dont on veut lever le plan. On disposera ces jalons comme on le voudra, et en vue de la plus grande facilité des opérations. Il sera bon de les multiplier sur les directions dont on aura fait choix, et dans ce cas, autant que possible, on les réunira par des cordeaux. On n'a même besoin, à la rigueur, que d'un seul de ces cordeaux, qu'on transporte et qu'on place sur la ligne dont on a besoin de mesurer la portion qui sert à l'alignement. Le but de cette manœuvre est la détermination plus nette de l'intersection des alignements avec les côtés de l'enceinte.

6

84. Nous avons dit (n° 79) que le procédé que nous avons donné pour la détermination générale de l'enceinte était susceptible d'une grande simplification. Voici en quoi consiste cette modification de la méthode ; par son moyen, les triangles à construire par leurs trois côtés, au lieu d'être en nombre égal à celui des angles du périmètre, se réduisent à deux au plus.

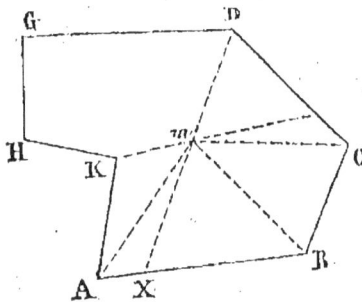

Fig. 29.

Soit ABCDGHK l'enceinte sur le terrain : le périmètre sur le papier sera représenté par les mêmes lettres avec des accents. On prendra à l'intérieur un point m duquel on mesurera les distances aux 3 points A, B, C.

Mesurant d'ailleurs aussi les côtés AB, BC, on pourra construire les deux triangles ABm, BCm, ce qui déterminera l'angle B ; de sorte qu'on aura sur le papier les deux côtés AB, BC, avec l'angle compris. Il n'y a plus maintenant aucune ligne à mesurer à travers champ dans l'intérieur ; tous les autres sommets, C, D, G, H, peuvent être déterminés par la méthode des alignements. Pour avoir le sommet D, par exemple, on s'alignera sur la ligne BA, en un point x, pour lequel le point m se projettera sur D. On mesurera Bx, qu'on rapportera sur le papier, ce qui donnera l'analogue du point x ; par celui-là et le point *m*, on mènera au crayon une droite indéfinie, qui sera la représentation de la ligne *x*D du terrain. Maintenant, mesurant CD, et décrivant sur le papier, avec cette longueur rapportée à l'échelle, et au point C' comme centre, un arc de cercle, celui-ci coupera la ligne *x*', *m*', en un point D', qui sera la représentation du point D. On déterminera de la même manière tous les autres sommets, G, H, K, en variant la direction des alignements de telle sorte que les droites qui se coupent le fassent sous les angles aussi ouverts que possible. C'est ce qui aura lieu en général, si ce point *m* a pu être pris vers le milieu de la surface à lever.

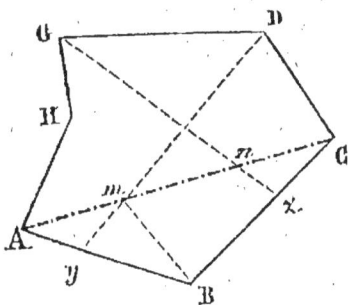

Fig. 50.

85. Ainsi que nous l'avons dit plus haut, les triangles à former comme base de tout le travail, et qui en général peuvent se réduire à deux, peuvent même assez souvent se réduire à un seul. Il suffit pour cela qu'on puisse mesurer avec exactitude une des diagonales AC. Avec la mesure facile des deux côtés AB, BC, on peut décrire sur le papier le premier triangle A'B'C'. Maintenant, ajoutons qu'en mesurant la diagonale AC, on a pu, après un certain nombre de mètres, planter un jalon *m* ; ce point tient lieu du point *m* de la figure précédente. Le point D, par

exemple, sera déterminé par l'alignement Dmx, et
la mesure de Ax, et ainsi des autres. Mais de plus,
dans ce cas, on peut mettre sur la diagonale AC, lorsqu'on la mesure, non pas un seul, mais deux ou
plusieurs jalons, en n, par exemple; et ceux-ci, per-
mettent de varier, dans l'intérêt de la facilité et de
l'exactitude des opérations, les divers alignements.
Ainsi, le point G serait déterminé par la ligne Gnz,
et la mesure Bz.

86. Une fois la figure de l'enceinte établie sur le
papier, la détermination des points de l'intérieur par
l'intersection de deux alignements se fait avec une
telle facilité, qu'on peut à peu près toujours compter
sur son exactitude. Cependant, en principe, il faut
une vérification. Celle-ci se fait au moyen d'un troisième alignement qui, construit sur le papier, doit
passer sur l'intersection des deux premiers. Ainsi,
dans la figure du n° 79, le point M, déterminé par
les alignements Ax, By, peut être observé aussi par
l'alignement GmK, et la mesure de AK; ce troisième
alignement, s'il passe sur le papier par l'intersection
des deux autres, vérifiera le point m; ou, par son
écart, indiquera l'étendue de l'incertitude. Si cet
écart est de quelque importance, il faudra recommencer tout le travail pour le point douteux; mais
c'est une nécessité qui se présentera bien rarement.
Dans le cas contraire, on arrêtera le point m à une
position moyenne.

§ 6. — ORIENTATION DES PLANS.

87. — La direction de la ligne nord-sud, qu'on indique sur les représentations topographiques, pour y figurer l'*exposition* de leurs diverses parties, s'obtient au moyen de la boussole. On place celle-ci sur une des lignes du terrain marquées sur le plan, et l'on observe de combien cette ligne s'écarte angulairement de la méridienne donnée par la boussole, quand la déclinaison est connue. Si l'on construit sur cette ligne du plan un angle égal à l'écart mesuré, le second côté donne la direction de la ligne nord-sud, et on la transporte, par une construction de parallèles, dans telle autre partie du plan que l'on voudra.

88. Mais il s'agit pour nous de nous passer de cet instrument, comme de tous les autres, et de déterminer cependant avec exactitude la direction de la méridienne en un lieu donné. C'est ce que nous réaliserons d'une manière générale, en traçant cette méridienne sur un plan fixe, par le procédé des ombres égales, et nous alignant sur cette méridienne de manière à pouvoir tracer sur le plan la direction qu'elle représente.

Nous allons d'abord donner la formule ordinaire de ce procédé; puis, nous y ajouterons des modifications propres à transformer cette méthode assez grossière en un moyen très-exact, en même temps que remarquable par sa merveilleuse simplicité.

6.

Sur un plan horizontal, il faut élever, dit-on, un style droit ; de son pied, décrire sur le plan un arc de cercle, et attendre le moment où l'extrémité de l'ombre qui se raccourcit passera sur l'un des points de cet arc : on marquera le point de passage. Supposons que cela ait lieu le matin, deux heures avant midi : vers les deux heures de l'après-midi, on étudie le mouvement de l'ombre qui est croissante, et au moment où son extrémité atteint l'arc déjà traversé le matin, on marque ce second point de passage. Si l'on divise l'arc compris entre ces deux points en deux parties égales, la bissécante sera la direction de la méridienne.

On comprend du premier coup d'œil toutes les imperfections de cette règle. Outre la difficulté de planter un style sur le support horizontal, il y a l'embarras de la pénombre, qui rend très-vague et très-incertaine l'extrémité de l'ombre proprement dite, il y a celui qui résulte des dimensions du style, qui ne saurait être une ligne droite géométrique, ou une ligne physique très-étroite; il y a celui de l'incertitude sur le point duquel, comme centre, on décrit l'arc de cercle. Aussi, a-t-on introduit dans cette méthode une première modification, qui consiste à remplacer le style par un gnomon, ou plaque mince percée d'un petit trou circulaire, soutenu au-dessus du plan par un support quelconque ; la plaque projette une ombre, au milieu de laquelle se trouve un petit cercle lumineux, ou plus exactement une petite ellipse formée par les rayons du soleil passant par le trou du gnomon. Le centre de cette figure représente le rayon central du soleil lui-même, et correspond à l'extrémité de l'ombre d'un style qui serait une véritable ligne droite verticale dont le sommet serait le centre du trou du gnomon, et dont le pied serait la projection horizontale de ce point. C'est de cette projection, comme centre, qu'il faut tracer l'arc de cercle. La petite ellipse lumineuse a bien aussi une pénombre tout autour de son bord ; mais, par cela même que cette pénombre règne circulairement et d'une manière égale sur cette ligne courbe qui reste elle-même un peu vague, il est très-facile de saisir le point central qui est situé au milieu de toutes les zones concentriques de la pénombre.

Toutefois il reste encore deux difficultés principales, dont nous devons nous affranchir. La première consiste dans l'établissement de ce gnomon et de son support ; cet appareil est un instrument, et, par cela seul, nous devons l'écarter. Il y a, en second lieu, l'embarras de saisir exactement, ou à peu près, le moment du passage du centre lumineux sur l'arc de cercle tracé d'avance. Il y en a d'autres encore : mais passons, sans plus amples remarques, à l'exposé de la forme perfectionnée que nous donnons à cette méthode.

89. C'est notre *équerre dièdre* de papier qui résoudra pour nous les diverses parties du problème, moyennant une légère addition représentée dans les figures ci-contre, et qui la transformera en un gnomon.

Sur l'une des faces de l'équerre, on collera un petit cercle de papier, percé d'un trou rond de 2 à 3 millimètres ; un simple pain à cacheter remplit parfaitement bien cet office. On colle ce cercle de papier ou ce pain, de telle sorte que le trou surmonte entièrement l'arête *ab*, et ait son centre bien exactement sur le prolongement de cette arête : cette double condition est très-facile à réaliser. Nous avons ainsi un gnomon formé par l'arête verticale jusqu'au centre du trou, et celui-ci a bien pour projection le pied *b* de cette arête, quand l'équerre dièdre repose sur un plan horizontal.

Cela fait, nous prendrons une planche bien plane sur laquelle nous collerons une feuille de papier blanc. Au lieu dont nous voulons déterminer la méridienne, nous placerons une petite table, ou deux tabourets, deux supports quelconques destinés à soutenir la

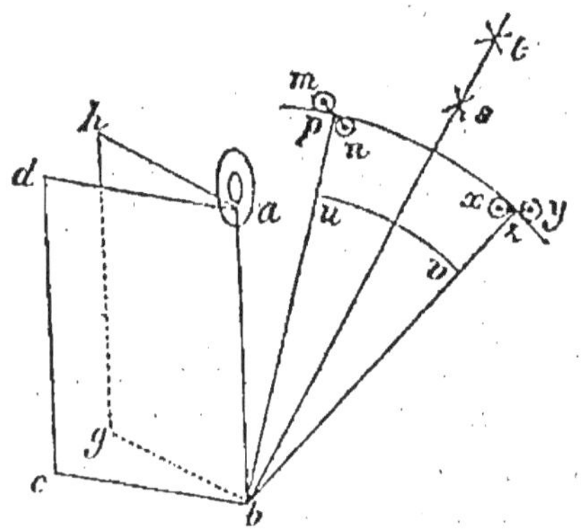

Fig. 31.

planche dans une position fixe et horizontale. Pour obtenir cette horizontalité, nous emploierons un niveau à bulle d'air, ou simplement notre équerre dièdre de papier, conformément au moyen indiqué (n° 62), et nous calerons convenablement la planche

pour amener le fil à une parfaite coïncidence avec
l'arête verticale : notre équerre nous rendra ainsi,
un premier service. Cela fait, nous prendrons sur la
planche un point b, et nous placerons l'équerre dièdre de sorte que son pied coïncide exactement avec
ce point, et que la face qui porte le petit cercle re-
garde directement le soleil. Nous aurons une ombre,
et au milieu de celle du gnomon se détachera le petit
cercle, ou plutôt la petite ellipse lumineuse, dont
on marquera le centre avec beaucoup de soin , au
moyen d'une pointe fine. Soit m, la position du cercle lumineux. On retirera l'équerre, et du point b,
comme centre, avec un compas armé d'un crayon
finement taillé, on décrira un arc de cercle d'un rayon
un peu moindre que la distance du point b au centre du cercle lumineux , de telle sorte que celui-ci
reste en dehors de l'arc, et lui soit tout au plus tan-
gent. On replacera l'équerre au point b ; le cercle
lumineux du gnomon marchera avec le soleil , et ,
par suite du raccourcissement progressif des ombres,
traversera l'arc, et viendra se placer au dedans , en
n par exemple. On marquera son centre avec soin, et
l'on joindra ces deux centres m, n, par une ligne
droite qui coupera l'arc. Ce point d'intersection sera
la position précise qu'occupait le centre lumineux
au moment où il a traversé cet arc et la ligne mn,
celle qu'il a parcouru dans son passage de m à n. En
rigueur géométrique, cette ligne du mouvement est
courbe : c'est un arc d'hyperbole ; mais à quelque
distance de midi, et surtout vu l'exiguïté du par-

cours, il ne diffère pas de la ligne droite d'une manière appréciable.

Supposons qu'il soit, au moment de l'observation,
neuf heures dix minutes du matin. Vers l'heure correspondante après midi, soit un peu avant deux
heures cinquante minutes du soir, on replacera l'é-
querre dièdre sur la planche au point *b*, et l'on verra
le cercle lumineux, d'abord intérieur à l'arc, s'en
rapprocher, le toucher, le traverser et le dépasser,
en suivant exactement l'ordre inverse des mouve-
ments et des phases du matin. Soient *x* et *y* deux
positions, l'une en deçà, l'autre au delà, et analogues
aux deux positions *n* et *m*; on marquera leurs centres respectifs, et l'on joindra ces centres par une ligne droite, dont l'intersection avec le grand arc donnera, comme le matin, le point où cet arc était couvert par le centre du cercle lumineux, lors du passage de ce centre.

90. Par ce moyen très-simple, nous éliminons la
difficulté de reconnaître le moment précis des pas-
sages; et les instants où nous observons la position
précise des deux centres lumineux, en dedans et au
dehors de l'autre cercle, sont tout à fait arbitraires; il
suffit qu'ils ne soient pas notablement éloignés de cet
arc. La contiguïté que nous avons supposée n'a même pas d'avantage, et un écart un peu plus considérable nous offrirait un premier moyen de vérification. Pour cela, nous observerons la position du
centre lumineux sur l'arc, au moment où il nous pa-
raîtra arrivé sur cet arc, et nous marquerons ce

point: s'il est bien saisi, il devra se trouver sur ces lignes droites *mn*, *xy*, et coïncider avec les points d'intersection de ces droites et de l'arc. Si cette coïncidence a lieu, nous aurons la certitude d'un tracé tout à fait exact; dans le cas contraire, l'écart, qui sera d'ailleurs toujours très-petit, nous fera connaître le degré d'exactitude obtenu.

91. Étant ainsi déterminés les points *p*, *z*, et l'arc *pz*, on divisera celui-ci par les moyens ordinaires en deux parties égales; la bissécante *bs* sera la méridienne. Cette méthode est fondée, comme on sait, sur ce que les ombres égales *bp*, *bz*, correspondent à des hauteurs égales du soleil, et par suite à deux distances égales de cet astre par rapport au méridien; celui-ci divisant en deux parties égales l'angle dièdre de ces deux positions, sa trace horizontale, qui est la méridienne, doit diviser en deux parties égales l'angle formé par les tracés de ces deux plans.

92. On remarquera, sans doute, que cette méridienne, si elle est tracée avec soin, est encore plus exacte que les points *p*, *z*, eux-mêmes; car, si petite que soit l'erreur sur le point *z*, par exemple, et par conséquent sur la longueur de l'arc *pz*, sa division en deux parties égales réduit à moitié cette erreur, pour chacun des deux demi-arcs, et par conséquent pour la position de la méridienne.

Mais, quelque exacte que soit sa détermination, elle a besoin, ou, dans tous les cas, elle est susceptible d'une seconde vérification, qui consiste en une opé-

ration semblable à la première. Une demi-heure après
qu'on a tracé *pz*, on en trace un autre *uv* du même
centre, dont on détermine les extrémités *u*, *v* par le
même moyen. L'arc *uv*, par sa bissection, devra déterminer aussi la méridienne, et les deux bissécantes
se confondre en une seule. On reconnaît qu'il suffira
que les deux petits arcs décrits des points *u*, *v*,
comme centres, se coupent précisément sur la première méridienne en *t*. Si cette coïncidence n'a pas lieu
rigoureusement, l'écart indiquera le degré d'exactitude; et, si l'on réduit cet écart à moitié pour prendre une moyenne, celle-ci sera la véritable méridienne cherchée. Mais il sera bien rare que l'on ait à
recourir à cette correction.

Au lieu d'un arc de vérification plus petit que *pz*,
on pourra en décrire un plus grand; et, en général,
les deux arcs seront une vérification l'un de l'autre,
dans quelque ordre qu'on opère.

93. Pour que ce procédé, dont l'exécution est d'ailleurs très-facile, réussisse parfaitement bien, il faut
que les épreuves solaires soient faites au moins deux
heures, et autant que possible, trois heures avant
et après midi; de plus, la saison de printemps et
d'été est préférable à celle d'automne et d'hiver.
Dans ces conditions, le cercle lumineux est plus net,
et il est plus facile d'en marquer le centre avec précision.

94. Notre méridienne est tracée sur la planche; il
s'agit de la prolonger sur le terrain, pour la faire
aboutir à 2 points suffisamment distants, et dont la

position soit marquée sur le plan. Pour cela, nous éta-
blirons sur la méridienne de la planche à ses deux extrémités en *a*, *b*, deux équer-
res dièdres, dont les arêtes
de pli formeront deux jalons
d'alignement très-exacts. En
plaçant l'œil sur celle en *a*,
par exemple, on projettera
celle en *b* sur un mur à distance et l'on y fera marquer
cette projection par une ligne verticale. Plaçant ensuite l'œil en *b*, on projettera
l'arête *a*, de la même manière, sur un autre mur, et
l'on y fera marquer également la projection. En mesurant sur les deux murs les distances de ces deux
projections à l'une des extrémités de chacun, ou a
quelque autre point déjà marqué sur le plan, on
pourra fixer sur celui-ci la position de ces lignes,
et par conséquent la méridienne qu'ils détermineront; on transportera ensuite celle-ci où l'on voudra
par des parallèles.

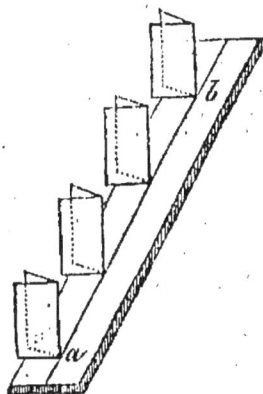

95. Ajoutons encore quelques remarques sur ce sujet. 1° nous supposons qu'on s'est placé pour ces opérations de telle sorte, que la méridienne de la planche
se trouve aboutir par prolongement à deux murs.
On le pourra le plus souvent; mais cette condition
n'est pas de rigueur; et, si elle n'est pas réalisable,

7

on prolongera la méridienne par visée au moyen de jalons, et la ligne de ceux-ci coupera quelque part une autre ligne déjà marquée sur le plan ; cette ligne remplacera le mur, et la méridienne se trouvera tracée comme dans le premier cas.

2° La planche sur laquelle nous exécutons les opérations ci-dessus n'a pas besoin d'avoir plus de 3 ou 4 décimètres de largeur ; mais il est bon qu'elle soit aussi longue que possible, d'un mètre, par exemple. Dans ces conditions, l'alignement par les deux équerres dièdres se fera d'une manière très-précise, et aussi bien pour le moins qu'au moyen des équerres d'arpenteur et des visières de boussoles à pinnules, instruments dans lesquels les fils qui déterminent les alignements sont beaucoup plus rapprochés.

3° Lorsqu'on est dans le cas d'employer deux équerres dièdres, pour alignement, par exemple, il est bon que l'un des deux soit formé de papier noir ou très-foncé ; la ligne blanche de l'un se projetant sur la surface obscure de l'autre, et réciproquement, l'œil est averti par là, tant qu'il n'y a pas coïncidence rigoureuse des deux arêtes verticales, et l'alignement est plus assuré. C'est l'équerre de papier noir qu'il faut employer de préférence comme gnomon ; l'ombre est alors plus épaisse que lorsque le soleil frappe un papier blanc dont la transparence en diminue l'intensité ; et, quand l'ombre est plus foncée, les bords du cercle lumineux se tranchent d'une manière plus nette.

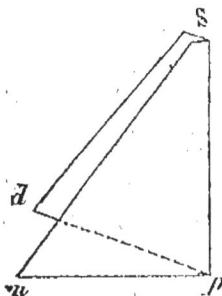

4° Enfin on peut transformer l'équerre formée de deux feuillets rectangulaires, en équerre formée de 2 triangles seulement ; on coupe la moitié des deux feuillets opposés à l'angle droit, suivant la diagonale, et l'équerre devient la figure ci-contre. Sous cette forme, elle offre l'avantage d'être plus stable ; quand on s'en sert extérieurement, elle donne moins de prise à l'air, et parce qu'elle lui présente une moindre surface, et parce que son centre de gravité est plus bas; il faut avoir soin toutefois d'en couper un peu le sommet S, qui ne doit pas être tout à fait en pointe.

96. Après l'application de notre méridienne à l'orientation des plans, occupons-nous de l'emploi qu'on en peut faire pour régler les horloges.

Commençons par la rendre immuable et invariable, en remplaçant la planche mobile par un support horizontal doué de fixité, comme une dalle de terrasse, de balustrade, l'appui d'une fenêtre, la margelle d'un puits; en un mot, une surface de pierre parfaitement stable, unie et rendue bien horizontale.

Cette surface étant disposée, on placera sur la planche, et en l'appliquant à la méridienne, un peu avant midi, une équerre dièdre modifiée comme nous venons de l'indiquer, et l'on attendra que l'ombre de l'arête verticale vienne coïncider avec la méridienne.

Fig 33.

On aura également placé sur la surface fixe une autre équerre dièdre. Au moment où la première projettera son ombre sur la méridienne de la planche,
la seconde projettera la sienne sur la pierre; on
marquera sur celle-ci deux points; et, appuyant sur
ces deux points une règle plate, on tracera sur la
pierre, avec une pointe convenable, une ligne droite
qui sera la méridienne.

Maintenant, pour régler une horloge, il faut
d'abord connaître le moment du midi solaire, ce qui
se fera en plaçant l'équerre dièdre sur la méridienne
quelque temps avant midi; l'ombre de l'arête verticale viendra bientôt coïncider avec la méridienne;
il sera midi au soleil. Cette coïncidence se fera nettement sur une étendue d'ombre de 15 à 20 centimètres; et, si toutes ces opérations ont été bien menées,
on sera assuré de l'instant de midi vrai, à moins
d'une minute, et même d'une demi-minute. Mais le
midi solaire, ou midi *vrai*, comme l'appellent les as-
tronomes, n'est pas en général celui que doit marquer l'horloge; celle-ci doit donner le temps *moyen*;
les heures moyennes résultent d'une marche du soleil qu'on suppose uniforme, tandis que le mouvement réel de cet astre (son mouvement apparent, bien
entendu) n'a pas cette uniformité. Entre l'heure
vraie solaire et l'heure moyenne des horloges, à un
moment donné, il y a toujours une certaine différence qu'on appelle l'*équation du temps*; cette différence est indiquée jour par jour dans l'*Annuaire du
Bureau des Longitudes*, et même dans certains alma-

nachs; on la combine avec l'heure solaire de la manière suivante:

Soit l'horloge à régler le 10 décembre 1857. On trouve dans l'*Annuaire* que ce jour, à midi vrai, le temps moyen est 11ʰ 53ᵐ; l'heure vraie avance donc sur l'heure moyenne de 7 minutes. Au moment où notre méridienne et l'équerre nous indiqueront midi solaire précis, une horloge *bien réglée* devrait marquer 7 minutes de moins. Supposons que la nôtre marque 11ʰ 49ᵐ; elle sera en retard de la différence entre 11ʰ 49ᵐ et 11ʰ 53, ou de 4 minutes. On l'avancera de cette quantité, et elle se trouvera réglée. Si elle eût marqué 12ʰ 6ᵐ, elle eût été en avance de la différence entre 12ʰ 6ᵐ et 11ʰ 53ᵐ, soit de 13 minutes; dans ce cas, il eût fallu la retarder d'autant, et l'amener à 11ʰ 53ᵐ.

Supposons que l'opération s'exécute le 30 décembre 1857. L'annuaire nous apprend que ce jour-là, à midi vrai, le temps moyen est 0ʰ 3ᵐ, c'est-à-dire 12ʰ 3ᵐ. Il y a, cette fois, retard du soleil sur le temps moyen. Que notre horloge marque midi 9 minutes au moment où notre méridienne nous dira midi au soleil, elle avancera de 6 minutes, et il faudra la retarder d'autant pour la mettre à l'heure.

Les midis du temps vrai et du temps moyen ne s'accordent que quatre fois par an, savoir: le 15 avril, le 15 juin, le 31 août et le 25 décembre; ils s'accordent du moins à quelques secondes près. Tous les autres jours, le midi et l'heure solaire vraie sont tantôt en avance, tantôt en retard sur l'heure moyenne qu'on peut appeler la *bonne* heure ; celle que doivent marquer les horloges, et à laquelle on les ramène par le procédé que nous venons d'indiquer. Ce n'est pas ici le lieu de rendre raison de ces différences.

97. A la méridienne horizontale que nous avons tracée, on peut préférer une méridienne verticale. Pour se la procurer, on fait appliquer en avant d'un mur bien plan et bien vertical, exposé au soleil de midi, une plaque de fer percée d'un trou, un véritable gnomon ordinaire. Puis, un jour quelconque, on prend, au moyen de notre méridienne et de l'équerre, le moment précis de midi, et aussitôt on marque sur le mur, avec la pointe d'un crayon, le centre du cercle lumineux que dessine le gnomon sur le mur. Appliquant sur celui-ci un fil à plomb, de telle sorte que le fil passe par le point marqué, et arrêtant la trace de ce fil sur le mur par un trait noir quelconque, ce trait sera une méridienne verticale. Il sera midi au soleil toutes les fois que le centre du cercle lumineux du gnomon la traversera.

98. Quelle que soit la méridienne qu'on emploie, on ne peut régler les horloges par son moyen que par une observation faite à midi, ce qui est en général bien suffisant. Toutefois on peut préférer un cadran solaire complet, qui donne l'heure et permet de régler l'horloge à un instant quelconque du jour. Or, étant donné un cadran horizontal construit suivant les procédés indiqués dans notre *Géométrie pratique* [1],

---

[1] N° 174... 178 Applic.

il ne s'agit plus que de l'orienter et de le fixer dans la position obtenue. Rien n'est plus facile quand on possède la méridienne : au moment où l'équerre dièdre indique midi sur celle-ci, on tourne le cadran de manière que l'ombre du style tombe sur la ligne de midi, et on l'arrête dans cette position. Pour un cadran vertical, on voit dans l'ouvrage précité que le point de départ de sa construction est la détermination préalable de la ligne de midi ; or, c'est à quoi nous arrivons facilement avec notre méridienne, comme nous l'avons indiqué ci-dessus.

99. Nous devons ajouter ici une remarque. On peut être empêché de régler l'horloge par l'absence prolongée du soleil pendant plusieurs jours, ou bien on peut trouver incommode l'exactitude qu'exige l'observation faite à l'heure du midi exclusivement. Mais il n'est ni nécessaire ni utile de faire cette observation tous les jours. Si on la fait un jour de chaque semaine, par exemple, au bout d'un mois, on connaîtra la marche de l'horloge, c'est-à-dire son avance ou son retard quotidien, ce qui fera connaître aussi l'heure chaque jour. Supposons, par exemple, qu'au bout de sept jours, on lui trouve une avance de 11^m, après sept autres jours, 10^m 1/2, et à l'observation suivante, 11^m 3/4. La moyenne est d'un peu plus de 11^m, qui, divisées par 7, donnent 1^m 37 cent. pour l'avance quotidienne. Qu'après quatre jours, à partir d'une observation solaire, l'horloge marque, à un moment donné, 3^h 46^m du soir, il est clair qu'il faudra en retrancher quatre fois 1^m 37 cent., ou 5^m

1/2; il sera donc 3ʰ 40ᵐ 1/2 exactement. On ferait
une opération analogue pour un retard habituel
constaté et à peu près uniforme. C'est ainsi que nous
opérons pour une pendule que nous réglons au soleil tous les quinze jours; par cette pendule qui
avance régulièrement, nous connaissons toujours
l'heure *bonne*, à une minute près.

Car, en parlant des horloges, nous comprenons,
sous ce nom commun, les horloges proprement di-
tes, et les pendules et les montres; et rappelons encore une fois, en terminant, que cette réglementa-
tion des appareils indicateurs du temps, nous l'obtenons au moyen d'une simple feuille de papier pliée
en quatre!

§ 7. — DU NIVELLEMENT.

100. Nos lecteurs n'oublieront pas que nous n'a-
vons toujours en vue que des opérations faites dans
la circonscription d'un terrain d'une étendue assez
limitée. Aussi ne les engagerons-nous pas dans un
nivellement considérable, sans les instruments em-
ployés ordinairement à cet effet. Mais, sauf à ne l'appliquer qu'à un petit nombre de points, nous pouvons, aussi bien qu'avec un niveau d'eau ordinaire,
résoudre le problème de la *détermination de la différence* de niveau ou *d'altitude de deux points donnés.*

Pour cela, nous nous servons simplement de notre planche horizontale et de deux équerres dièdres ; l'une d'elles servant d'abord à assurer l'horizonta- lité de la planche, suivant la méthode déjà em- ployée plus haut. Mais les deux équerres dièdres sont taillées l'une sur l'autre ; les quatre panneaux sont coupés bien rectangulairement et sont parfai- tement égaux entre eux. Il en résulte que, si l'on place les deux équerres sur un plan horizontal, les quatre arêtes supérieures qui forment deux angles sont à la même hauteur au-dessus du plan horizon- tal, qu'elles sont contenues dans un même plan, et que ce plan est lui-même parfaitement horizontal. Si donc on place les deux équerres aux deux extré- mités de la planche, et que l'œil s'aligne sur ces arêtes supérieures, lorsqu'elles disparaîtront toutes en se confondant, et se projetant comme une seule ligne droite sur un objet quelconque, le rayon vi- suel sera horizontal, et la ligne de projection sur l'objet sera précisément à la hauteur de l'œil. Que l'ob- jet soit un mur ou une perche verticale : si l'on me- sure, d'une part, la hauteur du point visé au-dessus du sol, d'autre part, la hauteur de l'œil lui-même, c'est-à-dire celle de la planche plus celle des équer- res, la différence entre les deux côtés sera la diffé- rence de niveau ou d'altitude entre les deux points du sol, sur lesquels reposent respectivement et la perche visée et le support des équerres.

Celles-ci remplissent donc très-simplement le mê- me office qu'un niveau d'eau, et avec le même de- gré d'exactitude tout au moins. On prend pour mire

7.

une simple perche, le long de laquelle on fait mou-
voir un morceau de papier ou une carte à bracelet
qui entoure la perche, et est retenue par le frotte-
ment.

101. Encore une fois ; nous ne proposerons pas
d'employer ce procédé sur une grande échelle ; mais
il sera très-suffisant, et d'une pratique aussi sûre que
commode, dès qu'on aura à l'appliquer seulement
à deux points. Or ce cas se présente très-fréquemment. Il n'en faut pas davantage pour déterminer
dans quel sens doit couler un ruisseau pour savoir
si l'eau d'une source pourra être amenée sur un point
à une hauteur donnée, pour résoudre certaines ques-
tions de drainage. Un des cas les plus communs, est
le désir qu'on éprouve souvent à la campagne de savoir si le sol d'une habitation qu'on occupe est plus
ou moins élevé que le sol de telle autre qu'on aperçoit,
et quels sont les points de la campagne ambiante,
qui peut être fort accidentée, dont la hauteur est
exactement la même que celle de l'œil de l'observateur placé à une fenêtre. Le plan supérieur des
équerres déterminera la ligne d'horizon par son intersection avec le relief de la campagne et donnera
une idée de toutes les altitudes relatives.

102. Enfin, nous rappellerons que, pour exprimer
la pente d'un terrain entre deux points, en millimètres pour mètres, il faut, après avoir mesuré la
distance inclinée entre les deux points, calculer le
troisième côté du triangle rectangle, qui a pour hypoténuse cette distance, et pour un de ses côtés la

différence de niveau. Soit $255^m,3$, ce côté calculé, et $2^m,850$ la différence d'altitude. La pente sera

$$\frac{2,85}{255,30} = 0^m,011,\ \text{ou 11 millimètres pour mètre.}$$

CHAPITRE SECOND

DES SURFACES.

§ 1. — MESURE DES SURFACES.

103. Nous avons rappelé (nᵒˢ 9 à 17) les formules
diverses qui servent à mesurer les aires des figures
géométriques. Nous n'avons donc pas à les exposer
ici, et nous nous proposons seulement de montrer
comment on peut en simplifier l'application ou la
rendre plus exacte, et par quels moyens on peut
triompher des difficultés que cette application rencontre souvent dans la pratique.

104. Le rectangle, le carré, le cercle ne donnent
lieu à aucun embarras. On peut mesurer directement leur base, leur hauteur, leur rayon ou leur
diamètre, ce qui suffit pour l'application des formules. Toutefois le cercle semble offrir, dans certains
cas, quelques difficultés ; s'il s'agit, par exemple,
d'un bassin circulaire dont le centre n'est pas abor-
dable. Mais on peut toujours, en fixant l'une des ex-

trémités d'un cordeau à l'un des points de sa circonférence, tendre ce cordeau à travers le bassin, de
manière à le faire passer par son centre, et déterminer un diamètre, dont on mesurera facilement la
longueur sur le cordeau. La moitié sera le rayon,
dont le carré, multiplié par 3,1416, donnera la surface du cercle.

Si le bassin avait une enceinte annulaire saillante,
analogue à la margelle d'un puits, on en mesurerait
le contour extérieur au moyen du ruban métrique,
et, en divisant ce contour par 3,1416, on aurait le diamètre extérieur de l'anneau. De celui-ci, on retrancherait le double de l'épaisseur de l'anneau, et l'on
aurait le diamètre intérieur qui est celui du bassin.

105. S'il s'agit du parallélogramme, du trapèze
ou du triangle, les formules comprennent les hauteurs qu'il faut mesurer. Mais il vaut mieux, dans
tous les cas, procéder sans cette mesure. L'aire du
triangle s'obtiendra par la formule des trois côtés
(n° 17). Dans le parallélogramme et le trapèze, on
mesurera une diagonale, et l'on partagera ainsi la
figure en deux triangles dont on connaîtra les trois côtés. On calculera ces deux triangles par la formule (17).

Le polygone irrégulier se ramènera toujours comme nous l'avons dit (n° 16), à ce procédé de mesure.

106. Si l'on a affaire à un polygone régulier, il y
a divers moyens de mesurer l'apothême, qui, avec
le côté, permet de calculer l'aire. Mais nous préfé-
rons indiquer la méthode qui consiste à multiplier
par le carré du côté l'aire du polygone régulier qui

aurait pour côté l'unité de mesure [1]. Nous allons donner les nombres qui représentent ces aires pour tous les polygones réguliers usuels, depuis le triangle jusqu'au polygone des douze côtés.

Le côté du polygone régulier étant 1, on a, pour les surfaces respectives des polygones suivants les valeurs en regard :

Triangle équilatéral.	0,^{mm}4330
Carré.	1, 0000
Pentagone régulier.	1, 7205
Hexagone id.	2, 5980
Octogone id.	4, 8284
Décagone id.	7, 6939
Dodécagone id.	11, 1961

Supposons qu'on demande la surface d'un bassin octogone de 25^m de côté? — On multipliera le nombre 4,8284 par le carré de 25, et l'on aura pour produit 3017^{mm},75.

Qu'on fasse la même question pour un dodécagone dont le côté est 7^m,322. On multipliera 11,1961 par le carré de 7^m,322, et l'on obtiendra pour la surface du dodécagone 600^{mm},2444.

107. Supposons qu'on ait à mesurer une surface curviligne irrégulière. On indique généralement le procédé qui consiste à mener dans la plus grande longueur de cette surface une transversale, sur laquelle on abaisse des différents points du contour des perpendiculaires qui décomposent la surface en

----

[1] Voir notre *Géométrie*. Applic., n° 120.

trapèzes. Outre que ce procédé, pour être exact, entraîne à des longueurs intolérables, ces surfaces curvilignes sont très souvent des pièces d'eau, dans l'intérieur desquelles ces opérations sont impossibles.
Voici le procédé qui nous paraît devoir être appliqué
de préférence, et qui peut l'être dans tous les cas :

Soit la fi-
gure curvi-
ligne ci-
contre. Au
moyen de
cordes et de
piquets, on
la transfor-
mera en une
figure recti-
ligne ; en
menant *ac*

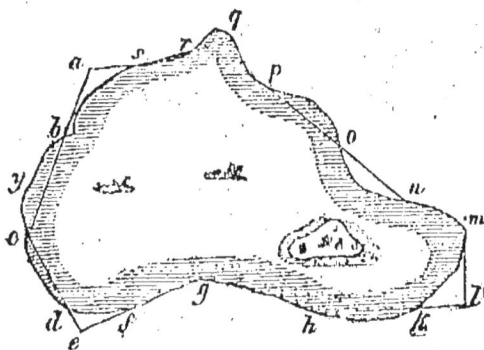

Fig. 34.

par exemple, puis *as*, de telle sorte que la partie con-
vexe *byc*, retranchée de la surface, soit remplacée
par la partie ajoutée *bas*; les deux segments offrant
à l'œil des étendues sensiblement équivalentes.

La corde *sq*, tendue entre les piquets, *s*, *q*, retran-
chera et ajoutera deux segments de même contenance ; la corde *pn* en fera autant, et ainsi du reste :
en un mot, il faut que chaque cordeau tendu le soit
de telle façon, qu'au jugement de l'œil l'addition et
le retranchement se compensent, ce qu'on peut toujours obtenir par un petit tâtonnement. On arrivera
nécessairement de la sorte à un polygone rectiligne,

qui aura pour sommets les piquets tendant les cordes, et dont la surface remplacera celle de la figure
curviligne donnée. Les appréciations d'équivalents
partielles peuvent se faire d'une manière assez sûre,
si les segments comparés sont d'étendue restreinte ;
et d'ailleurs, on sait que dans ces évaluations multiples, les petites erreurs en plus et en moins se balancent à peu près en fin de compte.

108. Cela posé, il peut se présenter deux cas :

Ou la surface dont il s'agit est accessible à l'intérieur : telles sont des pelouses dans les parcs, ou des
portions de champ en plaine, bordées par des routes
ou des sentiers curvilignes. Ou bien la surface est
inaccessible à l'intérieur, comme sont des étangs.

Supposons le premier cas. Alors il n'y a aucune
difficulté à mener à travers le polygone des diagonales qui partageront la figure en triangles, on mesurera toutes les lignes, et l'on calculera la surface
par les procédés indiqués ci-dessus. Ce cas ne présente aucune difficulté.

Étant donné, au contraire, le second cas, il faut
forcément recourir à un autre moyen, qui consiste
à lever le plan du polygone et à en mesurer la contenance sur le papier d'après l'échelle choisie, qu'on
prendra d'ailleurs aussi grande que possible. Si le
plan est levé avec exactitude, et les opérations du
papier faites avec soin, ce mesurage indirect donnera des résultats précis au delà du nécessaire.

109. Ce mode de mesurage sur le papier, quand
il est exécuté dans de bonnes conditions, donne de

meilleurs résultats qu'on ne serait porté à le croire, sur la simple considération que le passage du petit au grand, amplifie les erreurs dans le rapport des deux termes. Il suffit, pour se convaincre du contraire, de considérer que les mesures du papier sont, sous le rapport de l'exactitude, du même ordre que les mesures du terrain. Ainsi, sur celui-ci, on ne peut guère, en général, répondre au delà du millième des longueurs ; sur le papier, et, étant prise une longueur de 2 décimètres, par exemple, on peut atteindre facilement à cette précision du millième, qui représente dans ce cas un cinquième de millimètre. Par suite, les approximations des surfaces seront aussi du même ordre.

110. On est souvent dans le cas de mesurer sur le papier des longueurs et des surfaces, lorsque sur un plan ou une topographie donnés, telles que les feuilles cadastrales, par exemple, on veut apprécier l'étendue de telle ou telle portion de la carte. Le moyen que nous allons indiquer pour l'exécution facile et prompte des évaluations superficielles peut s'appliquer à toutes les parties du plan, quelles qu'en soient les formes; mais il s'applique spécialement, et avec un très-grand avantage, aux surfaces curvilignes, qui, par tout autre procédé, donnent lieu à des embarras et à des longueurs. Ce moyen est celui du *treillis* transparent. Voici en quoi il consiste :

On construit sur un papier transparent le type d'une table de Pythagore, en donnant aux côtés des carreaux une longueur en rapport avec l'échelle du

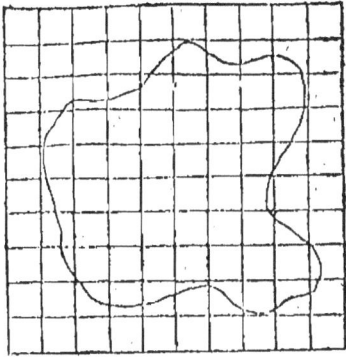

Fig. 35.

plan. Que celui-ci soit par exemple à l'échelle de 10 millimètres pour mètre, l'hectare serait un carré dont le côté aurait 1 centimètre qui représente 100 mètres. Si donc l'on construit le treillis sur 1 centimètre de côté pour les carreaux, chacun de ceux-ci représentera 1 hectare.

Cela posé, on placera ce papier transparent sur la figure curviligne à mesurer, comme on le voit ci-contre, de manière à ce qu'elle en soit débordée; et il n'y aura pour avoir sa surface en hectares, qu'à compter les carreaux et évaluer les fractions de carreaux qui s'y trouvent compris. Le compte des carreaux pleins est facile à faire; dans la figure qu'on a sous les yeux, il y en a 34, autant d'hectares par conséquent. Pour les fractions de carreaux, on les estime à vue par dixièmes; on inscrit la valeur de chacun, et l'on additionne le tout. Par chacun de ces fragments, l'erreur ne peut aller au delà d'un dixième, et, avec un peu d'attention on ne commet pas cette erreur; mais il est reconnu que, dans un ensemble d'appréciations de cette nature, les petites erreurs en plus et en moins se balancent et se compensent. Dans notre figure, la somme des fragments ainsi évalués s'élèverait à 126 dixièmes, ou 12 carreaux 6 dixièmes, environ 13 hec-

tares à ajouter aux 34 déjà comptés. La surface curviligne mesurée est donc de 47 hectares environ. On
obtiendrait plus exactement la fraction de ce compte,
en formant de plus petits carreaux : à l'échelle que
nous avons prise, on pourrait donner au côté un
demi-centimètre, auquel cas chaque carreau vaudrait un quart d'hectare, ou 25 ares. Les supputa-
tions seront, en général, d'autant plus exactes ou plus
faciles à faire, que les carreaux seront plus petits.

§ 2. — DIVISION DES SURFACES.

111. Il existe, pour la division des terrains en
parties égales ou en parties proportionnelles à des
nombres donnés, un procédé général applicable à
tous les cas, quelle que soit la figure à diviser. Mais,
pour les figures les plus simples, il existe des moyens
plus simples aussi, que nous allons d'abord exposer.

112. Si l'on a un rectangle, un parallélogramme
ou un trapèze à diviser en parties égales, on divise
de cette manière les deux bases opposées, et l'on
joint par des droites les points de division. On a,
par ce moyen, autant de figures équivalentes comme
ayant mêmes bases et même hauteur. On opère d'une
manière analogue pour la division en parties proportionnelles.

113. S'il s'agit d'un cercle (cas assez rare) à diviser en parties égales, en 7 par exemple, on divisera par 7 le nombre 360°, ce qui donnera pour $\frac{1}{7}$

la valeur 51,4285, ou 51° 25',7. On prendra, au moyen de la table des cordes, la corde de cet arc, pour le rayon donné, ce qui déterminera l'arc lui-même, et par suite les sept secteurs égaux.

114. S'il s'agit d'un simple triangle, il n'y a qu'à diviser la base en autant de parties égales, et de joindre le sommet aux divers points de division. On aura ainsi autant de triangles équivalents comme ayant des bases égales et une hauteur commune.

Mais ce procédé très-simple a, dans la pratique, l'inconvénient de donner des langues de terre étroites et aiguës, dont on ne peut tirer bon parti. On recourt à d'autres procédés dont quelques-uns sont applicables au trapèze et au quadrilatère irrégulier. Nous allons entrer dans le détail de ces méthodes.

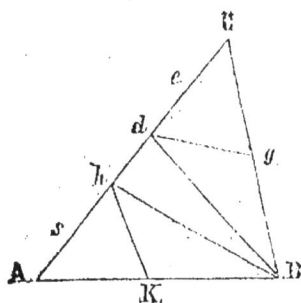

Fig. 36.

115. Soit donné un triangle ABC à diviser en 5 parties égales. On divisera en 5 parties le plus long des 5 côtés AC, et l'on joindra le second point de division d au sommet B de l'angle opposé. Le triangle CdB sera les $\frac{2}{5}$ du total; on prendra le milieu g du côté BC, et l'on joindra dg; le triangle CdB sera divisé par dg en deux parties égales, dont chacune sera $\frac{1}{5}$. Restera le triangle BdA $= \frac{3}{5}$. On joindra Bh, et du point h, on mènera hK au milieu de AB.

On aura ainsi trois nouveaux triangles équivalents.
De cette sorte, on aura obtenu cinq triangles, dont
quatre au moins ne seront pas aigus, comme l'eus-
sent été ceux qu'on aurait formés par la division de
la base en cinq parties égales, conformément au
premier système. On peut varier ce procédé de bien
des façons.

116. Pour le cas particulier où le triangle devrait
être divisé en trois parties égales, il y a un moyen
simple et élégant tout à la fois. On joint deux des
sommets B, C, aux milieux respectifs g, d, des côtés
opposés. Les deux lignes Bg, Cd, se coupent en un
point m, qu'on appelle le centre de gravité du triangle. Si l'on joint ce point aux 3 sommets, on aura
trois triangles équivalents

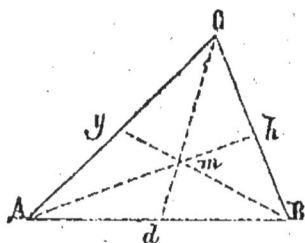

Fig. 57.

ayant pour sommet commun ce point m, et pour
bases respectives les trois côtés du triangle donné.
Cela tient à ce que, comme on le démontre en géométrie, la hauteur de chacun de ces trois triangles est
le tiers de la hauteur totale tombant sur la même base.

117 Mais on peut proposer le problème général de
diviser un triangle par une parallèle à sa base, en
parties égales ou proportionnelles à des nombres
donnés. Ce problème a un intérêt pratique qui résulte de ce que souvent la base d'un triangle est le
bord d'une route parallèlement à laquelle on veut

marcher sur l'autre bord du champ; de plus, au moyen de ce mode de division, on n'a qu'un seul triangle, et toutes les autres parts sont des trapèzes, dont la forme est bien plus commode pour les opérations de la culture.

Soit donc le triangle ABC qu'il s'agit de diviser en 2 parties équivalentes par une parallèle pq à sa base BC. Pour trouver le point p par lequel doit passer la parallèle, et en appelant $Ap = x$, $AB = a$, on a par ce théorème connu [1] que les surfaces des triangles semblables sont entre elles

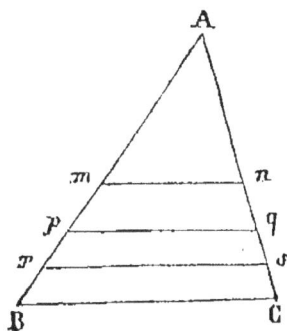

Fig. 58.

comme les carrés des côtés homologues, et en considérant que le triangle partiel Apq doit être la moitié du triangle total :

$$x^2 : a^2 :: Apq : ABC :: 1 : 2.$$

d'où $x : a :: 1 : \sqrt{2} \ldots x = \dfrac{a}{\sqrt{2}} = \dfrac{a\sqrt{2}}{2}.$

On a $\dfrac{\sqrt{2}}{2} = 0,7070$. La longueur A$p$ est donc, dans tous les cas, les 707 millièmes du côté AB. En multipliant celui-ci par 0,707, on aura le point p. On obtiendra de même le point q, en multipliant AC par 0,707.

[1] Voir notre *Géométrie*, n° 117.

La ligne menée pq divisera le triangle total en deux parties équivalentes.

Supposons que le triangle doive être divisé en quatre parties par des parallèles. Le triangle Amn sera le quart du total, et, pour déterminer le point m et la parallèle mn, nous avons les proportions :

$$x^2 : a^2 :: 1 : 4 \ldots x : a :: 1 : \sqrt{4} \ldots$$

d'où $x = Am = \dfrac{a}{\sqrt{4}} = \dfrac{a}{2}$. — On déterminerait de même An.

Pour avoir Ap, on remarquerait que le triangle Apq doit être les $\frac{2}{4}$ du total, d'où les proportions :

$$x^2 : a^2 :: 2 : 4 \ldots x : a \sqrt{2} : \sqrt{4}.$$

On aurait, pour déterminer Ar, les proportions :

$$x^2 : a^2 :: 3 : 4 \ldots x : a :: \sqrt{3} : \sqrt{4}.$$

— Soit, d'une manière générale, le triangle à diviser en N parties égales. On reconnaît aisément qu'on aura pour Am, Ap, Ar, etc.:

$$Am = \frac{a\sqrt{1}}{\sqrt{N}} \ldots Ap = \frac{a\sqrt{2}}{\sqrt{N}} \ldots Ar = \frac{a\sqrt{3}}{\sqrt{N}}$$

$A^s = \dfrac{a\sqrt{4}}{\sqrt{N}} \ldots$ et en général la portion comprise entre le sommet A et la parallèle du rang n, sera $= a\,\dfrac{\sqrt{n}}{\sqrt{N}}$. Qu'on ait à diviser en 17 parties éga -

les, et qu'on demande la position de la treizième parallèle, on aura $N = 17$, $n = 13$; la distance cherchée sera $a \dfrac{\sqrt{13}}{\sqrt{17}} = 0,8744$ de a.

118. Si la figure à diviser est un trapèze, on ramène la question à la division d'un triangle de la manière suivante :

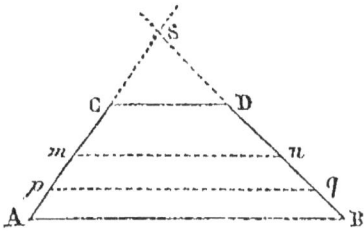

Fig. 39.

Soit ABCD le trapèze donné, qu'il faut diviser en trois parties équivalentes par des parallèles aux bases. On mesurera d'abord la surface de ce trapèze; soit l'aire égale à 1224 mètres carrés. On prolongera les côtés non parallèles jusqu'à leur rencontre en S, ce qui fournira un triangle supérieur SCD, qu'on mesurera aussi : soit sa surface 390^m. Chacune des trois parts devant avoir le tiers de 1224 ou 408 mètres, le triangle Smn, formé du triangle supérieur et de l'une des trois divisions égales du trapèze aura pour surface $390 + 408 = 798$ mètres ; tandis que le triangle total SAB aura $1224 + 390 = 1614^m$. La question est donc ramenée à trouver un point m, tel que $\overline{Sm}^2 : \overline{SA}^2 :: 798 : 1614$, ou $Sm : SA :: \sqrt{798} : \sqrt{1614}$, ce qui rentre dans les procédés du numéro précédent. Dans le cas actuel, en nous donnant $SA = 35^m,7$, nous trouvons, tous calculs faits : $Sm = 25^m,102$.

Pour mener la ligne pq, qui intercepte au-dessus
d'elle les $\frac{2}{3}$ du trapèze, plus le triangle supérieur,
on aura la proportion :

$\overline{Sp}^2 : \overline{SA}^2 :: 390 + 408 \times 2 : 1614$, ce qui donne,
tout calcul fait, $Sp = 30^m,86$.

Il est aisé de reconnaître qu'en général, si la surface du trapèze est T, et celle du triangle supérieur t,
et qu'il faille diviser le trapèze en N parties équivalentes, on aura, pour déterminer la parallèle du
rang n et la portion x correspondante de SA $= a$, la
proportion :

$$x^2 : a^2 :: t + n\frac{T}{N} : t + T.$$

119. Enfin une question analogue peut être posée
pour un quadrilatère irrégulier ABCD, qu'on demande
de diviser en parties équivalentes par une ou plusieurs parallèles, telles que
mn, à l'un de ses côtés. — On
mesurera la surface du quadrilatère total, et celle du
triangle SBC résultant du
prolongement des côtés BC,
AD, et la question rentrera
dans celle qu'on vient de
traiter pour le trapèze. Soit

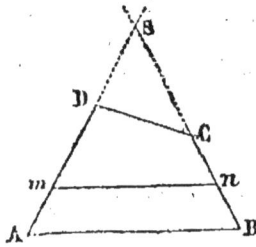

Fig. 40.

Q l'aire mesurée du quadrilatère, t celle du triangle,
et la surface de Q à diviser en deux parties égales.

On aura $\overline{Sm}^2 : \overline{SA}^2 :: t + \frac{Q}{2} : t + Q.$

Soit SA = 41^m,6, Q = 756^m, t = 263^m, on obtient, tous calculs faits, Sm = 32^m,99.

La formule générale serait, comme ci-dessus pour la parallèle de rang n, sur un nombre total N de divisions :

$$x^2 : a^2 :: t + \frac{M}{N} Q : t + Q.$$

120. Passons au cas général du partage d'une surface irrégulière quelconque, à diviser en autant de parties égales qu'on voudra, par des droites qui passent par un point donné, soit à l'intérieur, soit par le périmètre de la figure. Cette condition d'un point donné se rencontre assez souvent, les lots devant aboutir, par exemple, à un puits ou à un bâtiment communs; mais, dans tous les cas, on peut toujours prendre arbitrairement un point, par lequel on pourra faire commodément les lignes de division.

Cela posé, soit le polygone ABCDFGHK à diviser en 6 parties égales. On commencera par en mesurer la surface en le décomposant en autant de triangles qu'il y a de côtés, au moyen de droites partant du point donné P, et aboutissant à tous

Fig. 41.

les sommets. On déterminera ensuite par les procé-

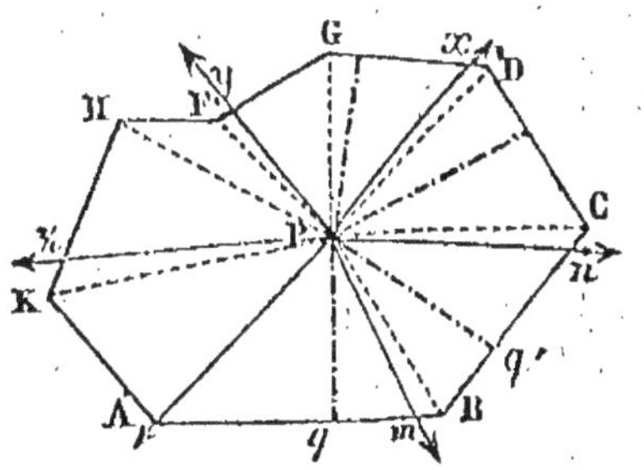

8

dés (n°s 58 et 59), les perpendiculaires telles que Pq,
abaissés du point P sur chacun des côtés. Soit 5112
mètres carrés, la surface totale; chaque part, ou le $\frac{1}{6}$
de ce nombre, sera de 852^m. On mènera une première
droite PA, et il s'agira de trouver une longueur Am,
telle que le triangle résultant mPA ait une contenance
de 852^m. Or, puisque nous connaissons la hauteur
Pq, que nous supposerons de 33^m,6, dont la moitié
est 16^m,8, la base Am sera telle que son produit par
16,8, soit 852; donc elle est le quotient de 852 par
16,8, ou 50^m,71. On prendra donc Am = 50^m,71, et
le triangle APm sera l'un des six lots demandés.

On trouvera de la même manière la base du second
triangle, si mB était de longueur suffisante, ou plutôt cette seconde base serait égale à Am; supposons le
contraire, et soit mB = 2^m,19. En multipliant ce
nombre par la demi-hauteur 16,8, on a 36,79 pour
la surface du petit triangle PmB. Ce n'est qu'une
portion de la valeur 852, et en retranchant 36,79
de 852, on obtient un reste 815,21 pour la surface
du second triangle à prendre à partir de la ligne PB.
Soit la hauteur Pq ' = 36; il faut trouver une longueur Bn telle que son produit par la demi-hauteur,
ou par 18, soit égal à 815,21; autrement, il faut diviser 815,21 par 18; ce qui donne pour quotient
45^m,29. Prenant donc une longueur Bn = 43^m,29
et menant Pn, on aura le quadrilatère total PmBn,
pour le second des lots demandés.

Supposons qu'il reste nc = 2^m,6; le petit triangle
nPc aura donc 2,6 × 18 = 46,8 de surface; retran-

chant de 852, on a pour reste 805,2 qu'il faut prendre sur le troisième triangle cPD. Supposons que celui-ci n'ait que 738 ; il faut aller au delà, et prendre
sur le quatrième un autre petit triangle DPx, qui
soit l'excédant de 805,2 sur 738, ou 67,2.

On continuera de la sorte, et l'on effectuera 5 des
parts demandées. Ce qui restera du polygone sera la
sixième et dernière, sans qu'on ait besoin de la former de toutes pièces pour terminer le partage. Mais
elle offre un moyen de vérification qui sera la *preuve
géométrique* de toutes les opérations précédentes.
Pour cela, il faut en mesurer l'aire, qui devra se
trouver égale à 852. La différence, qui sera fort petite, si ces opérations ont été bien exécutées, fera
connaître leur degré d'exactitude, ou avertira, le
cas échéant, que les calculs devront être recommen-
cés.

121. Si la surface doit être divisée, non en parties
équivalentes, mais en lots proportionnels à des nombres donnés, on exécutera arithmétiquement ce calcul sur la surface numérique du polygone, et l'on
obtiendra les valeurs respectives des aires qui repré-
senteront ces parts. Que les nombres proportionnels
soient 4, 5, 7, 11, dont la somme est 27, et que la
surface totale à diviser soit 9728 $^{\text{m. c.}}$, il faudra
prendre les $\frac{4}{27}$, les $\frac{5}{27}$, les $\frac{7}{27}$ et les $\frac{11}{27}$ de ce nombre ; et construire, comme dans le numéro précédent,
des triangles ayant des surfaces données. Ces surfaces
seront respectivement 1441,18 — 1801,48 —
2522,07 — 3963,27.

122. Enfin, on pourrait avoir à diviser une surface curviligne irrégulière. Dans ce cas, d'ailleurs
fort rare, il y aurait à prendre des équivalents rectilignes, comme au n° 107, et l'on procéderait
comme ci-dessus; mais il y aurait à faire des vérifications et des raccords à chaque opération, parce
que les lignes de division ne passeraient pas par les
points d'intersection des deux périmètres. Ce serait,
en somme, un travail d'une exécution laborieuse,
et presque toute de tâtonnement; mais, encore une
fois, elle ne se rencontrera que peu ou point dans la
pratique.

CHAPITRE TROISIÈME.

APPENDICE SUR LA MESURE DES VOLUMES.

123. Bien que la mesure des volumes ne fasse
point partie intégrante de l'arpentage, elle se rencontre trop fréquemment dans la pratique commune, pour que nous ne devions pas en donner ici
les formules, en renvoyant pour leur démonstration
aux traités ordinaires.

Le volume du parallélipipède est le produit de sa
base par sa hauteur. S'il s'agit du parallélipipède
droit, tels que sont la plupart des corps travaillés,

comme pierres de taille, planches, murs, poutres, on dit que leur volume est le produit de leurs trois dimensions. Soit la longueur 3^m,55 ; la largeur 0^m,88 ; l'épaisseur 0^m,63. Le volume, produit de ces trois nombres, est 1 mètre cube, 968 décimètres, 120 centimètres. On sait que le mètre cube contient 1000 décimètres, le décimètre 1000 centimètres, le centimètre 1000 millimètres cubes.

Si le parallélipipède est oblique ou incliné sur sa base inférieure, sa hauteur est la perpendiculaire commune entre les deux bases.

La formule est la même pour le prisme. Son volume est le produit de sa base par sa hauteur. Soit un prisme ayant pour base un octogone régulier de 0^m,455 de côté, incliné d'ailleurs, et dont la hauteur entre ses deux bases polygones est 1^m,811. On a d'abord pour surface de la base (n° 106), 0^{mm},99959951, dont le produit par 1,811 est 1^{mmm},810274713.

Les surfaces du parallélipipède et du prisme, étant composées de parallélogrammes, n'ont pas besoin de formules particulières. On mesure chaque partie séparément et on en fait la somme.

124. Le volume d'un cylindre est, comme les précédents, le produit de sa base par sa hauteur. Soit un corps de pompe ayant 214 millimètres de diamètre intérieur, et contenant une colonne d'eau de 7^m,422 de hauteur. La base sera (n° 15) 35,968 mill. carrés : le produit par 7,422 est 266,954,496 mill. cubes, ou 0^{mmm},266954496.

8.

La surface du cylindre droit n'est autre qu'un rectangle roulé autour du solide ayant même hauteur que lui, et pour base sa circonférence. C'est ainsi qu'un tuyau de poêle n'est qu'une feuille rectangulaire de tôle roulée circulairement. La surface a donc pour expression la circonférence du cylindre multipliée par sa hauteur. Avec les données du n° précédent, on obtient 4 mètr., 98 décim., 98 centim., 28 millim. carrés.

125. Le volume d'une pyramide est le tiers du produit de sa base par sa hauteur. — Soit une pyramide ayant pour base un pentagone régulier de 1^m,15 de côté, et dont la hauteur ou la perpendiculaire abaissée du sommet sur le plan de sa base est de 3^m,12. On aura d'abord pour la surface de sa base (n° 106), 2^{mm},27556125 : le produit de ce nombre par 3,12 est 7,0991271, dont le tiers est 2,3663757, ou 2 mètr., 366 décim., 375 centim., 700 millim. cubes. On se contentera d'ailleurs des centimètres, ou même seulement des décimètres cubes.

La surface de la pyramide, se composant de triangles, n'a pas besoin d'une formule particulière; il suffit de mesurer séparément chacun de ces triangles et d'en faire la somme.

126. Le volume du cône est le tiers du produit de sa base par sa hauteur : c'est la même formule que pour la pyramide, le cône étant une pyramide qui a pour base un cercle. Soit le rayon de la base 212 millimètres, et la hauteur perpendiculaire 888; on aura d'abord pour la surface de la base

141,196 millimètres carrés : le produit par 888 est 125,382,048; le tiers de ce nombre 41,794,016 : on a donc, pour le volume du cône, 41 décimètres, 794 centimètres, 16 millimètres cubes. On négligera ce dernier nombre.

La surface du cône est un secteur de cercle enroulé sur le solide, ayant pour rayon l'apothème, et pour arc la circonférence de la base du cône. Elle a donc pour expression (n° 15) le $\frac{1}{2}$ produit de cette circonférence par l'apothème.

127. Le volume de la sphère est le $\frac{1}{3}$ du produit de sa surface par son rayon. — Dans la pratique, on fait le cube du diamètre, on le multiplie par 3,1416 et on prend le $\frac{1}{6}$ de ce produit.

Soit le rayon de la sphère, 310 millimètres. Le cube du diamètre 620, est 238,328,000 : son produit par 3,1416 est 748731,2448; dont le $\frac{1}{6}$ = 124788,5408; le volume de la sphère est donc 124,788 centimètres cubes; ou 0^{mmm},424 décimètres, 788 centimètres cubes.

On ne rencontre guère, dans la pratique, l'occasion de mesurer ni un segment, ni un secteur de sphère. (Voir notre *Géom. pr.*, n° 164.)

La surface de la sphère est le produit de sa circonférence génératrice par le diamètre. Dans la pratique, on quadruple la surface d'un grand cercle. Soit 26 centimètres le rayon de la sphère. La surface du cercle qui a ce rayon est le carré de 26 multiplié par 3,1416 (n° 15), soit 2123,7216 : quadruplant, nous avons 8494,8864; ou 84 décim., 94 centim. et

89 millim. carrés. Pour la surface de la sphère, on négligerait cette dernière fraction.

Pour la surface d'une zone et d'un fuseau, qui ne se rencontrent guère dans la pratique, nous renverrons à notre *Géom.* (n° 154).

128. Le volume d'une pyramide tronquée est égal à la somme de 3 pyramides qui auraient pour hauteur commune la hauteur du tronc, et pour bases respectives la grande base, la petite base, et une moyenne géométrique entre les deux bases.

La formule étant rigoureusement la même pour un tronc de cône, nous allons donner un seul exemple de calcul.

Soit un tronc de cône, dont la grande base a 76 centim. de diamètre, la petite 52 centim., et dont la hauteur est 92 centim. — La surface de la grande base, calculée à la façon ordinaire, est le carré du rayon 38 multiplié par 3,1416; celle de la petite est le carré du rayon 26, multiplié par le même nombre 3,1416; enfin une moyenne géométrique entre les deux bases est, comme on sait, la racine carrée de leur produit $(38)^2 \times 3,1416 \times (26)^2 \times 3,1416$; ce qui revient simplement à $38 \times 26 \times 3,1416$. Le facteur 3,1416 entrant dans chacun des trois produits, on voit qu'il suffit de faire le carré du grand rayon, le carré du petit rayon, et le produit des 2 rayons entre eux, et de multiplier la somme de ces 3 nombres par 3,1416. Puis on multipliera le résultat par la hauteur 92, et l'on prendra le tiers du produit. Le carré de 38 est 1444, celui de 26 est 676; le produit

de 38 par 26 est 988 : la somme de ces 3 nombres est
3108, dont le produit par 3,1416 est 9764,0928.
Multipliant par 92 et prenant le tiers, nous obtenons
299432,1792. Le volume du tronc de cône sera donc
299 décim., 432 centim., 179 millim. cubes. On négligera cette dernière fraction.

Pour ce qui est de la surface du cône tronqué,
elle est le demi-produit de la somme des circonférences des deux bases, par l'apothème [1]. Dans
l'exemple précédent, les deux circonférences sont
respectivement 119,3808 et 81,6816 ; l'apothème
correspondant à la hauteur donnée serait 92,8 ; le
produit de la somme par ce dernier nombre est
18658,59..., dont la moitié 9329,295..., ou 93 décimètres, 29 centimètres, 29 millimètres carrés est la
surface du tronc du cône.

129. On trouve une application importante de la
formule de la pyramide tronquée, dans le cubage du
bois de charpente. Les arbres qui ont cette destina-
tion sont ou équarris, ou non équarris, mais sans
écorce, ou enfin en grume, c'est-à-dire avec leur
écorce.

Lorsqu'un arbre est équarri, il a été transformé
par l'ablation d'une partie de son bois, ou en un
parallélipipède rectangle, ou en un tronc de pyramide ; suivant le cas, on aura à employer l'une des
deux formules correspondantes à ces deux sortes de
solides. Lorsqu'on a le tronc de pyramide, on se

---

[1] *Géométrie*, n° 155.

contente habituellement dans la pratique de prendre la section moyenne du tronc, et de traiter le solide comme si c'était un parallélipipède ayant pour base cette section moyenne. Ce procédé simplifie les calculs; mais, inexact au fond, il ne doit être employé que lorsque les deux bases opposées du tronc de pyramide diffèrent peu l'une de l'autre.

Si l'arbre non équarri est dépouillé de son écorce, on procède de la manière suivante. On mesure au ruban métrique sur le milieu de la longueur de l'arbre sa circonférence; on en retranche le dixième et on prend le quart du reste; ce quart est le côté du carré inscrit; il est l'équarrissage d'après lequel on peut calculer la section moyenne du solide, et par suite son volume, sa hauteur étant donnée; on le traite ainsi comme un parallélipipède.

Enfin, si l'arbre est en grume, on comprend qu'on ne peut guère le traiter comme un vrai solide géométrique; aussi emploie-t-on, suivant les localités ou les habitudes de chaque genre de service, divers procédés qui donnent des résultats notablement différents. Nous conseillons de ramener toujours ce cas au précédent, en opérant de la manière suivante.

On prendra au ruban la circonférence moyenne par-dessus l'écorce, ce qui déterminera le diamètre total. On cherchera ensuite l'épaisseur de l'écorce, au moyen d'entailles convenables faites sur divers points; et, prenant la moyenne des profondeurs, le double de l'épaisseur de l'écorce, étant retranché du diamètre total, donnera pour reste le diamètre du bois, et par suite sa circonférence; on rentre dès lors dans le cas précédent. Voici un exemple complet du calcul.

Soit un arbre de 9ᵐ,88 de long. On lui trouve de circonférence extérieure sur son milieu 1ᵐ,662; divisant ce nombre par 3,1416, on obtient pour le diamètre total 0ᵐ,529. Les profondeurs de quatre entailles sont respectivement 17, 18, 19, 18 : moyenne, 18 millimètres. Retranchant 36 de 529, on a pour reste et pour diamètre inférieur 493; ce nombre multiplié par 3,1416 donne 1ᵐ,549 pour la circonférence du bois. On en retranche le dixième, ou 0,155, il reste 1ᵐ394, dont le ¼ est 0ᵐ,3485; le côté du carré inscrit ou de l'équarrissage est donc 348 millimètres et demi. Le produit de ce nombre par lui-même, ou le carré base du parallélipipède est 0ᵐ·ᵐ,12145225; son produit par la hauteur 9,88 est 1,19994825. Le volume de l'arbre après l'équarrissage à arêtes sera donc 1 mètre cube, 199 décimètres, 948 centimètres cubes. On négligerait ce dernier nombre, et par la nature même de cette opération, essentiellement approximative, on ne saurait compter sur le dernier chiffre des décimètres.

130. Il existe un solide à faces planes dont on ne donne généralement pas la formule dans les traités de géométrie. C'est le solide à fond de cuve que représente l'auge du maçon; c'est la forme générale des fossés, des sauts de loup, et celle des tas de cailloux amoncelés le long des routes, pour leur entre-

tien; seulement ici le solide est retourné et placé sur
sa grande base. Nous le figurons ici dans cette dernière position.

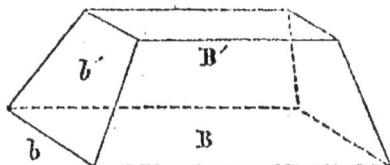

En appelant h
la hauteur verti-
cale du solide, B
et b les deux di-
mensions du rec-
tangle de la grande
base, B′ et b' les
deux dimensions analogues de la petite base, on a
pour expression du volume V la formule suivante :

$$V = \frac{h}{3}\left(Bb + B'b' + \frac{Bb' + B'b}{2}\right).$$

Cette formule, que nous proposons de substituer
comme plus simple à plusieurs autres dont la mné-
monique est moins facile, peut s'exprimer d'une manière analogue à celle du tronc de pyramide. Le volume du solide est égal à la somme de trois pyramides qui auraient pour hauteur commune la hauteur
du solide, et pour bases respectives, l'une la grande
base, l'autre la petite base, et la troisième une
moyenne *arithmétique* entre les deux produits précédents, après transposition de l'accent de la quatrième lettre sur la seconde.

Nous ne saurions donner ici la démonstration de
cette formule, qui suppose des développements al-

gébriques trop considérables ; il nous suffira de dire
qu'on y arrive en coupant le solide par deux plans
verticaux passant par les deux arêtes de la base supérieure, et qu'en divisant ainsi le solide on obtient : 1° un parallélipipède ayant pour base cette
base supérieure ; 2° deux prismes triangulaires qui
lui sont adossés dans le sens de sa longueur, et deux
autres adossés dans le sens de sa largeur ; 3° quatre
pyramides aux coins, ayant chacune une arête verticale, et dont la réunion formerait une pyramide régulière à base carrée.

Il est aisé de reconnaître que notre solide est un
prisme qui a pour base un trapèze égal à sa section
moyenne, et qui serait tronqué à ses deux extrémités par un plan passant par la grande base du trapèze. Aussi proposons-nous de l'appeler *prisme tra-
pézoïde bi-tronqué.*

Voici maintenant un exemple de calcul.

Soit B $= 5^m,52...$ $b = 3^m,12...$ B$' = 4^m,05...$ $b' =$
$2^m,88..$ $h = 3^m,53.$ — Le produit B $\times$ $b = 17,2224$;
celui B$' \times b' = 11,6640$. Multipliant B par b', on
obtient 15,8976, et B$'$ par b, on a 12,6360. La demi
somme de ces deux derniers produits est 14,2668 ;
l'ajoutant aux deux premiers produits, on a pour
somme 43,1532, nombre qu'on multipliera par la
hauteur 3,53, ce qui donne 152,330796. Enfin le
tiers de ce dernier nombre étant 50,776932, il en résulte que le volume du solide est 50 mètres, 776 décimètres, 932 centimètres cubes. Dans la pratique,
on s'en tiendra aux décimètres.

Les tas de cailloux qui sont échelonnés sur les routes sont tous égaux et ont les dimensions suivantes : B $=$ 2^m,50... $b =$ 1^m,50... B$'$ $=$ 1^m,50... b' $=$ 0^m,50... $h =$ 0^m,50. En faisant le calcul, d'après ces données, on trouve pour le volume des tas 1^{mmm},044... soit un peu plus d'un mètre cube. On fait abstraction de la fraction, et chaque tas est réputé un mètre cube. On les forme, comme on sait, au moyen d'une caisse, ou auge renversée, qui a les dimensions indiquées plus haut.

131. La mesure des contenances des tonneaux qui servent à la conservation et au débit des liquides est une opération très-importante dans la pratique, mais qui ne ressort pas directement des formules de la géométrie, parce que les fûts divers n'ont pas une forme qui rentre dans les définitions géométriques. La courbure des douves les empêche d'être des cylindres ; quelquefois on les assimile à deux troncs de cône adossés par leurs grandes bases ; mais ce n'est encore qu'une approximation. On a imaginé pour le cubage de ces vases diverses formules empiriques ; mais il est manifeste qu'on n'en peut adopter aucune, à cause du défaut d'unité dans la construction des tonneaux. Chacun, pour ainsi dire, exige un mesurage particulier.

Nous écarterons donc comme insuffisantes et arbitraires toutes les formules du calcul, et nous les remplacerons par un procédé purement expérimental, mais très-exact et d'une application des plus faciles.

Mais nous ferons remarquer d'abord que le mesu_
rage, ou, comme on dit, le *jeaugeage*, peut se faire à
deux points de vue. On peut demander d'abord la
contenance totale du tonneau ; et en second lieu si
le tonneau est en vidange, c'est-à-dire si l'on débite
le liquide qu'on y a renfermé, on peut vouloir connaître la quantité de liquide qui reste à un moment
donné. C'est à cette double fin, à la seconde surtout,
que servent les *jeauges*, sorte de règles graduées
qu'on enfonce dans le liquide des fûts, mais dont
l'usage est compliqué et incertain, quoi qu'on fasse,
si l'on veut appliquer un même instrument à divers
tonneaux qui ne sont pas moulés sur des patrons
identiques.

Voici ce que nous mettrons à la place.

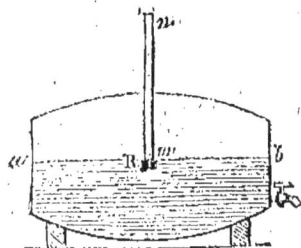

On prendra une rondelle
de liége, ou mieux de bois
quelconque R, moins large
que le trou de la bonde
du tonneau, et l'on y in-
sérera un bâtonnet de bois
mn. Si l'on introduit cette
jeauge dans le tonneau
alors qu'il est en partie rempli de liquide, et, comme
le montre la figure, le petit appareil flottera, et le
bord supérieur du trou de bonde correspondra à
un certain point du bâtonnet. Si l'on ajoute du liquide, ou si l'on en ôte, le flotteur s'élèvera ou des-
cendra, et le bord du trou de bonde correspondra à

Fig. 45.

d'autres points du bâtonnet. Cela posé, le tonneau étant
vide et posé dans le sens de son axe, on y versera
le liquide qu'il doit recevoir, mais par portions égales
successives, qui seront, par exemple, des décalitres.
Après chaque mesure versée, on placera le flotteur,
et l'on marquera sur le bâtonnet, préalablement re-
couvert d'une bande de papier blanc qu'on y aura
collée, les divers points auxquels correspondra le
bord du trou de bonde. Ce papier recevra ainsi autant de traits qu'il faudra de mesures pour remplir
entièrement le tonneau.

Cela fait, on aura d'abord la contenance complète
de la pièce; ce chiffre ainsi déterminé par un moyen
plus sûr qu'une formule géométrique sera inscrit sur
le bois du tonneau par les moyens ordinaires.

Pour connaître dans chaque cas le volume du liquide restant dans le fût partiellement vidé, on y
introduira le flotteur, et par la lecture du point de
l'échelle correspondant au bord de bonde on aura le
volume cherché. Supposons que le tonneau plein
contienne 248 litres ou 24 décalitres 8 dixièmes; il
y aura d'abord 24 traits de division, plus un 22ᵉ,
correspondant à la fraction. Que dans l'épreuve le
bord de bonde tombe entre le 13ᵉ et le 14ᵉ trait, on
en conclura qu'il y a plus de 13 et moins de 14 décalitres de liquide, et la fraction excédant les 13
pourra être appréciée à vue si les intervalles des
divisions sont sensiblement égaux ou varient d'une
manière sensiblement proportionnelle. Mais, si l'on
voulait des indications plus précises, on comprend

qu'il suffirait pour cela de verser le liquide par
5, 3, ou même 1 litre ; on aurait des traits beaucoup plus rapprochés, et l'on n'aurait jamais à apprécier par estime qu'une fraction de litre.

On pourra objecter contre ce procédé la nécessité
d'avoir une jeauge pour chaque tonneau. Mais on
peut répondre : 1° Que dans le plus grand nombre
des cas, pour les particuliers, il n'est guère besoin de
mesurer que le contenu, soit total soit partiel d'un
seul tonneau; 2° que la jeauge-flotteur est un appareil tellement simple et si peu coûteux, qu'on peut
en construire autant qu'on a de fûts à mesurer, sans
que cette pluralité soit un véritable embarras; 3° enfin, il arrivera souvent que la même pourra servir
pour plusieurs tonneaux construits sur le même pa-
tron.

Nous devons faire remarquer, à ce sujet, que le
liquide contenu dans un tonneau plein d'une capacité
donnée varie avec la température; mais cet embarras
se présente dans tous les cas; de quelque manière
qu'on mesure la capacité du vase, il contiendra toujours le même volume, à la vérité, mais non la même
quantité en poids du liquide qu'on y renferme. Mais,
comme la température des celliers, et surtout des
caves, ne varie que fort peu, on ne tiendra pas
compte de ces différences. On trouve que, dans les
cas extrêmes, c'est-à-dire s'il existait une vingtaine
de degrés entre la température de la première évaluation du tonneau et celle d'une épreuve donnée, la
différence de volume pour une même quantité de

vin atteindrait à peine un centième. Pour les es-
prits, la différence est beaucoup plus considérable;
mais, en fait, on se trouvera presque toujours au-dessous de ces termes extrêmes.

132. Enfin nous devons indiquer les moyens d'é-
valuer les volumes des corps dont les formes sont ir-
régulières et tout à fait quelconques. Leur mesure se
ramène à celle de corps de forme géométrique, en
les plongeant dans l'eau que contient un vase de
forme régulière déterminée. Un caillou, un couvert
d'argent, un bougeoir, une statuette, seront plongés
dans un vase de fer-blanc cylindrique et rempli
d'eau; celle-ci débordera à proportion de leur volume. Quand on les retirera au moyen du fil auquel
ils sont attachés, il restera un vide qui sera une portion du cylindre, et dont l'évaluation géométrique
sera facile.

Il n'est pas même nécessaire que le vase ait lui-
même une forme rigoureusement géométrique; un
bocal de verre pourrait être gradué sur sa hauteur,
comme un thermomètre, après avoir été rempli au
moyen de volumes égaux et connus d'un liquide
quelconque. Après avoir retiré le corps qui a fait
déborder celui-ci, on reconnaîtrait d'un coup
d'œil la capacité du vide, et par suite le volume
cherché.

C'est par un moyen analogue qu'on gradue les
vases destinés à recevoir le lait de la traite : des
traits tracés sur la paroi extérieure indiquent le
nombre de litres qui correspond à chacun d'eux.

lorsqu'ils sont respectivement atteints par le liquide.

Si le corps à évaluer était poreux, on commence-
rait par l'imbiber d'eau complétement et on le pla-
cerait ensuite dans le vase d'épreuve. On comprend
qu'alors il n'absorberait plus d'eau, et que celle qu'il
déplacerait représenterait bien son volume extérieur
et réel.

S'il s'agissait d'un objet de grande taille, comme
par exemple du corps d'un homme dont on vou-
drait connaître le volume précis, on emplirait une
baignoire, dans laquelle plongerait la personne dont
il s'agit (un instant suffit pour cela); après la sortie
du corps, il resterait un vide qu'on mesurerait en
remplissant de nouveau la baignoire jusqu'au bord,
au moyen d'un certain nombre de litres : le nombre
de ces litres, avec la fraction du dernier, représenterait le volume du corps en décimètres cubes.

S'il s'agissait d'objets de taille encore plus grande
et non susceptibles d'entrer dans un vase rempli
d'eau, une statue équestre, par exemple, on formerait autour de cet objet une enceinte en planches, de
forme géométrique, telle qu'un parallélipipède, dont
on évaluerait le volume par les procédés ordinaires.
Puis on le remplira de sable par volumes de capacité
connue, comme des décalitres, par exemple. La différence entre le nombre de ces unités et le volume
total de l'enveloppe sera évidemment le volume de
l'objet.

TABLE DES CORDES

POUR UN RAYON ÉGAL A L'UNITÉ.

D	0′	10′	20′	30′	40′	50′
0	0	0,0029	0,0058	0,0087	0,0116	0,0145
1	0,0175	0,0204	0,0233	0,0262	0,0291	0,0320
2	0,0349	0,0378	0,0407	0,0436	0,0465	0,0494
3	0,0523	0,0553	0,0582	0,0611	0,0640	0,0669
4	0,0698	0,0727	0,0756	0,0785	0,0814	0,0843
5	0,0872	0,0901	0,0931	0,0960	0,0989	0,1018
6	0,1047	0,1076	0,1105	0,1134	0,1163	0,1192
7	0,1221	0,1250	0,1279	0,1308	0,1337	0,1366
8	0,1395	0,1424	0,1453	0,1482	0,1511	0,1540
9	0,1569	0,1598	0,1627	0,1656	0,1685	0,1714
10	0,1745	0,1772	0,1801	0,1830	0,1859	0,1888
11	0,1917	0,1946	0,1975	0,2004	0,2033	0,2062
12	0,2091	0,2120	0,2148	0,2177	0,2206	0,2235
13	0,2264	0,2293	0,2322	0,2351	0,2380	0,2409
14	0,2437	0,2466	0,2495	0,2524	0,2553	0,2582
15	0,2611	0,2639	0,2668	0,2697	0,2726	0,2755
16	0,2783	0,2812	0,2841	0,2870	0,2899	0,2927
17	0,2956	0,2985	0,3014	0,3042	0,3071	0,3100
18	0,3129	0,3157	0,3186	0,3215	0,3244	0,3272
19	0,3301	0,3330	0,3358	0,3387	0,3416	0,3444
20	0,3473	0,3502	0,3530	0,3559	0,3587	0,3616
21	0,3645	0,3673	0,3702	0,3730	0,3759	0,3788
22	0,3816	0,3845	0,3873	0,3902	0,3930	0,3959
23	0,3987	0,4016	0,4044	0,4073	0,4101	0,4130
24	0,4158	0,4187	0,4215	0,4244	0,4272	0,4300
25	0,4329	0,4357	0,4386	0,4414	0,4443	0,4471
26	0,4499	0,4527	0,4556	0,4584	0,4612	0,4641
27	0,4669	0,4697	0,4725	0,4754	0,4782	0,4810
28	0,4858	0,4867	0,4895	0,4923	0,4951	0,4979
29	0,5008	0,5036	0,5064	0,5092	0,5120	0,5148

D	0'	10'	20'	30'	40'	50'
30	0,5176	0,5204	0,5233	0,5261	0,5289	0,5317
31	0,5345	0,5373	0,5401	0,5429	0,5457	0,5485
32	0,5513	0,5541	0,5569	0,5597	0,5625	0,5652
33	0,5680	0,5708	0,5736	0,5764	0,5792	0,5820
34	0,5847	0,5875	0,5903	0,5931	0,5959	0,5986
35	0,6014	0,6042	0,6070	0,6097	0,6125	0,6153
36	0,6180	0,6208	0,6236	0,6264	0,6291	0,6319
37	0,6346	0,6374	0,6401	0,6429	0,6456	0,6484
38	0,6511	0,6539	0,6566	0,6594	0,6621	0,6649
39	0,6676	0,6704	0,6731	0,6759	0,6786	0,6813
40	0,6840	0,6868	0,6895	0,6922	0,6949	0,6977
41	0,7004	0,7031	0,7059	0,7086	0,7113	0,7140
42	0,7167	0,7195	0,7222	0,7249	0,7276	0,7303
43	0,7330	0,7357	0,7384	0,7411	0,7438	0,7465
44	0,7492	0,7519	0,7546	0,7573	0,7600	0,7627
45	0,7654	0,7680	0,7707	0,7734	0,7761	0,7788
46	0,7815	0,7841	0,7868	0,7895	0,7922	0,7948
47	0,7975	0,8002	0,8028	0,8055	0,8082	0,8108
48	0,8135	0,8161	0,8188	0,8214	0,8241	0,8267
49	0,8294	0,8320	0,8347	0,8373	0,8400	0,8426
50	0,8452	0,8479	0,8505	0,8532	0,8558	0,8584
51	0,8610	0,8636	0,8663	0,8689	0,8715	0,8741
52	0,8767	0,8794	0,8820	0,8846	0,8872	0,8898
53	0,8924	0,8950	0,8976	0,9002	0,9028	0,9054
54	0,9080	0,9106	0,9132	0,9157	0,9183	0,9209
55	0,9235	0,9261	0,9287	0,9312	0,9338	0,9364
56	0,9389	0,9415	0,9441	0,9466	0,9492	0,9518
57	0,9543	0,9569	0,9594	0,9620	0,9645	0,9671
58	0,9696	0,9722	0,9747	0,9772	0,9798	0,9823
59	0,9848	0,9874	0,9899	0,9924	0,9949	0,9975
60	1,0000	1,0025	1,0050	1,0075	1,0101	1,0126
61	1,0151	1,0176	1,0201	1,0226	1,0251	1,0276
62	1,0301	1,0326	1,0351	1,0375	1,0390	1,0425
63	1,0450	1,0475	1,0500	1,0524	1,0549	1,0574
64	1,0598	1,0623	1,0648	1,0672	1,0697	1,0721

D	0'	10'	20'	30'	40'	50'
65	1,0746	1,0771	1,0795	1,0819	1,0844	1,0868
66	1,0893	1,0917	1,0941	1,0956	1,0990	1,1014
67	1,1039	1,1063	1,1087	1,1111	1,1136	1,1160
68	1,1184	1,1208	1,1232	1,1256	1,1280	1,1304
69	1,1328	1,1352	1,1376	1,1400	1,1424	1,1448
70	1,1472	1,1495	1,1519	1,1543	1,1567	1,1590
71	1,1614	1,1638	1,1661	1,1685	1,1709	1,1732
72	1,1756	1,1779	1,1803	1,1826	1,1850	1,1873
73	1,1896	1,1920	1,1943	1,1966	1,1990	1,2013
74	1,2036	1,2060	1,2083	1,2106	1,2129	1,2152
75	1,2175	1,2198	1,2221	1,2244	1,2267	1,2290
76	1,2313	1,2336	1,2359	1,2382	1,2405	1,2427
79	1,2450	1,2473	1,2496	1,2518	1,2541	1,2564
78	1,2586	1,2609	1,2632	1,2654	1,2677	1,2699
79	1,2721	1,2744	1,2766	1,2789	1,2811	1,2833
80	1,2856	1,2878	1,2900	1,2922	1,2944	1,2966
81	1,2989	1,3011	1,3033	1,3055	1,3077	1,3099
82	1,3121	1,3145	1,3165	1,3187	1,3209	1,3231
85	1,3252	1,3274	1,3296	1,3318	1,3339	1,3361
84	1,3383	1,3404	1,3426	1,3447	1,3469	1,3490
85	1,3512	1,3533	1,3555	1,3576	1,3597	1,3619
86	1,3640	1,3661	1,3682	1,3704	1,3725	1,3746
87	1,3767	1,3788	1,3809	1,3830	1,3851	1,3872
88	1,3893	1,3914	1,3935	1,3956	1,3977	1,3997
89	1,4018	1,4039	1,4060	1,4080	1,4101	1,4121

FIN.

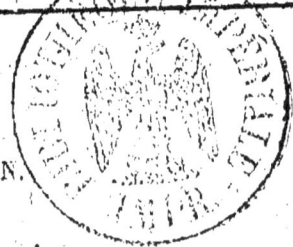

TABLE DES MATIÈRES

CHAPITRE PREMIER. — DES LIGNES ET DES ANGLES.

§ Iᵉʳ. — Des lignes.

§ II. — *Des angles.*

§ III. — *Des perpendiculaires et des parallèles.*

§ IV. — *Problèmes divers sur les lignes.*

§ V. — Du lever des plans.

§ VI. — Orientation des plans.

§ VII. — Nivellement.

FIN DE LA TABLE.

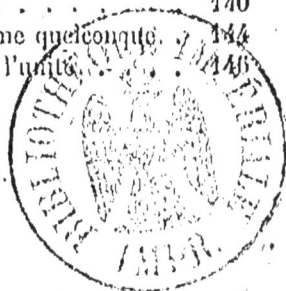

PARIS. — IMP. SIMON RAÇON ET COMP., RUE D'ERFURTH, 1.

ON TROUVE A LA MÊME LIBRAIRIE

PARIS. — IMP. SIMON RAÇON ET COMP., RUE D'ERFURTH, 1.